图书在版编目（C I P）数据

牛津植物史 ：植物学故事400年 / （英）斯蒂芬·A.
斯著 ； 冯智译. — 杭州 ： 浙江人民出版社，
3.7
ISBN 978-7-213-11045-0

Ⅰ. ①牛… Ⅱ. ①斯… ②冯… Ⅲ. ①植物学－普及
Ⅳ. ①Q94-49

中国国家版本馆CIP数据核字(2023)第063101号

浙江省版权局
著作权合同登记章
图字:11-2021-138号

OTS TO SEEDS 400 years of Oxford Botany
tephen A. Harris

t published in 2021 by the Bodleian Library, Broad Street, Oxford OX1 3BG, in association with
University of Oxford Botanic Garden and Arboretum
plified Chinese edition published in 2023 by Zhejiang People's Publishing House Co.,Ltd.
plified Chinese translation rights arranged with Peony Literary Agency

津植物史：植物学故事400年
UJIN ZHIWUSHI：ZHIWUXUE GUSHI 400 NIAN

]斯蒂芬·A.哈里斯 著　　冯 智 译

发行：浙江人民出版社（杭州市体育场路347号 邮编：310006）
市场部电话：(0571) 85061682 85176516
编辑：方 程
编辑：朱子叶
编辑：陈雯怡 张紫懿 陈芊如
校对：马 玉
印务：幸天骄
设计：方 絮
制版：北京之江文化传媒有限公司
刷：杭州丰源印刷有限公司
本：787毫米 × 1092毫米 1/16　　印 张：16
数：230千字　　插 页：4
次：2023年7月第1版　　印 次：2023年7月第1次印刷
号：ISBN 978-7-213-11045-0
价：128.00元

［英］斯蒂芬·A. 哈里斯 —著
冯 智 —译

牛津植物史

植物学故事400年

浙江人民出版社

FOREWORD 前言

牛津植物园创建于400年前，这里是牛津植物学的发源地。在过去的四个世纪里，牛津大学围绕植物学建立了一个收藏圣地，藏品包括大量稀有的植物标本、植物插图，以及关于植物分类、收藏和植物生物学方面的珍本书籍。

这些藏品和植物园中现存的物种，已经成为牛津大学植物学研究不可或缺的一部分。1621年，为了支持医学培训，牛津大学创建了当时的植物园。1648年，植物园出版了第一本目录，其中记载了近1 400种不同的植物，清晰地展示了书籍、植物学研究和知识传播之间的联系。

本书附带的图片帮助读者探索和了解牛津大学植物科学的历史沉淀，这些丰富的手稿和珍本书籍收藏在谢拉丹（Sherardian）植物分类学图书馆、植物园和树木园、牛津大学植物标本馆和博德莱恩（Bodleian）图书馆。

其中，包括18世纪晚期著名的植物艺术家费迪南德·鲍尔（Ferdinand Bauer）与谢拉丹植物学教授约翰·西布索普（John Sibthorp）一起探索地中海东部时，带回的一些植物草图。在牛津大学，鲍尔根据这些草图，为西布索普和史密斯（Smith）的《希腊植物志》绘制了966幅精美的手绘插图，著名植物学家约瑟夫·胡克（Joseph Hooker）称之为“有史以来最伟大的植物学著作”。

在牛津植物学的发展过程中，有很多优秀的植物学家致力于植物学的研究，17世纪的草药、漂亮雅致的园林设计、化石、植物模型、保存完好的标本和早期的植物分类手稿等元素，也都在其中贡献了自己的力量。此外，作为一段延续至今的鲜活历史，开创性的植物研究和植物收藏工作也将在牛津大学蓬勃发展。

我要感谢馆长兼作者斯蒂芬·哈里斯（Stephen Harris）为本书所展示内容做的一切。我还要感谢植物园和树木园、植物科学系、科学史博物馆和博德莱恩图书馆展览团队的同事，特别是玛德琳·斯利文（Madeline Slaven）和莎莉安·吉尔克里斯特（Sallyanne Gilchrist）。我也非常感谢牛津植物园之友和丹比赞助人小组的慷慨支持。

西蒙·西考克（Simon Hiscock）

牛津大学植物园和树木园主任

PREFACE 序 言

在自然界中，植物的生存是其基因组成以及这些基因与环境相互作用的结果。当环境发生变化时，以前成功存活的植物可能会发现自己在为生存而挣扎，除非它们表现出一定的适应能力。牛津大学的植物学发展也可以借用这个比喻，例如基因组成是教职工和学生，他们产生对植物学的想法和热情，而环境因素则由领导、大学、国家和国际社会来决定。

纪念1621年牛津植物园的创建，给我们提供了一个回顾植物学发展的机会。我们可以来反思牛津大学四个世纪的植物学研究，以及牛津大学为了解植物生物学做出了哪些贡献。这本书及其中的图片展示，让我们了解了植物学研究中合作与竞争的意义，以及认识植物学教授在其中的突出作用。虽然牛津大学过去的植物学研究处于一种断断续续的状态，但在长时间处于相对不活跃的时段里，不时会有大量卓有成效的研究成果涌现。在这些研究档案中，让人们记住的往往是教授的姓名和事迹，实际上我们也应该要知道大多数曾直接或间接帮助他们工作的人，无论他们是实地的标本采集者（包括18世纪殖民主义时期的奴隶），还是植物园里的园艺师或实验室里的技术员。现如今，在牛津大学的植物学的研究项目中正努力地涵盖传统意义上没有得到承认的群体。我想，这对牛津大学植物学今后的发展具有更重要的意义。

这本书没有把事件发展的时间顺序当作主线，也没有试图去涵盖植物学的方方面面，而是分为七个章节，集中讨论特定的主题。第一章介绍牛津大学植物学的背景和早期历史；第二章重点介绍大学中的植物藏品；第三章讨论了这些藏品如何在四个世纪中抵达牛津大学；第四章和第五章是关于牛津大学对国内外植物学研究所做的贡献，其中一方面粗略分为形态学和分类学，另一方面是普遍的实验方法；第六章重点介绍了应用植物学和大学农林面临的问题；最后一章是关于牛津大学四个世纪的植物学教学。

在过去的50年中，牛津大学的植物学家在植物学和更广泛的植物科学领域贡献了大量的知识。不过，植物学界需要时间来严格评估个人贡献。因此，本书不是试图全面回顾牛津大学的植物学研究和教学，特别是过去50年，而是简要地反映牛津大学植物学家对现代植物科学的全球合作所做的贡献。

如果说过去400年对我们有什么启示的话，那就是牛津大学的植物学研究之所以取得成功，是因为它专注于高质量的研究，并为后人提供了构建和回答相关问题的线索及思路。

作者注释

1834年以前，牛津植物园被称为Physick或Physic Garden。为简明起见，以下都将使用“植物园”或“花园”。1963年以后，“植物园”或“花园”一词被理解为包括树木园。“植物科学系”指1985年植物学系和农业科学系合并时创建的系。引文与原文相同，除了必要的地方，长“ʃ”已转换为现代“s”，连字已拆分。括号中添加了说明。所有价格均引用原始记录。为解决经常出现的等值问题，已给出到2020年等效值的转换作为指导。[1]为避免不必要的混淆，负责植物园实际工作的人员是“主管”，直到2002年，学术责任都由谢拉丹植物学教授承担，此后这两个角色都由植物园的主任担任。有关牛津大学植物科学的大事年表请参阅文后的“时间表”。

我很感激能够接触保存在博德莱恩图书馆、植物园和树木园、大英图书馆、牛津大学植物标本馆、植物科学系和皇家学会（Royal Society）的手稿和照片。我很感谢许多人对本书的直接和间接贡献：约翰·贝克（John Baker）、安妮·玛丽·卡特拉尔（Anne Marie Catterall）、利亚姆·多兰（Liam Dolan）、塞缪尔·法努斯（Samuel Fanous）、巴里·朱尼珀（Barrie Juniper）、塞丽娜·马纳（Serena Marner）、珍妮特·菲利普斯（Janet Phillips）、琳达·斯林普顿（Leanda Shrimpton）、索菲·威尔科克斯（Sophie Wilcox）、罗斯玛丽·怀斯（Rosemary Wise）以及牛津大学和哈考特植物园花卉协会的成员，还有一位匿名的手稿读者。当然，其中若有疏漏和不妥之处，恳请指正。

CONTENTS 目 录

COMES
DANBY

1 根

起源

科学是一种文化活动，它有助于我们客观地认识和理解自然世界。[1]那些围绕植物的故事，除非能通过严格的客观测试，否则就不是科学，例如关于曼德拉草的故事。科学思想也受到产生它们的社会以及对这些思想的反应的制约，技术、理念和偏见可能会限制科学家。因此，我们对科学的理解受限于我们生活的地点、时间和方式。即使是18世纪晚期的艺术家费迪南德·鲍尔，当他在描绘曼德拉草时，尽管他重视植物学的准确性，但也受到了怪诞的神话传说的影响。

16世纪以前的植物学

古希腊和古罗马时期形成了研究植物的科学方法，这些方法通常以植物在人类生活中所起的重要作用为依据。[2]希腊哲学家[如泰奥弗拉斯托斯（Theophrastus）]对植物的性质进行了理论分析，而罗马作家则专注于将植物应用于医学[如迪奥斯科里季斯（Dioscorides）]、农业和园艺[如瓦尔罗（Varro）和老卡托（Cato the elder）]。泰奥弗拉斯托斯的《关于植物及其成因的探究》大约写在公元前371年至公元前350年之间，这是讨论植物解剖学、生理学、形态学、生态学和分类的讲稿集。[3]相比之下，迪奥斯科里季斯的《药物论》（公元50—70年）是一本实用的、有插图的关于药用植物的著作，近1 500年来，随着不断的翻译、复制和传播，它成了我们了解植物药用特性的基础。[4]

◀ 丹比门。出自鲁道夫·阿克曼（Rudolph Ackerman）的《牛津史》（1814）

在公历纪元的第一个千年期间，希腊语承载的知识内容在西欧逐渐衰落[5]。不过，在第二个千年的最初几个世纪，当希腊人、穆斯林和基督徒在地中海附近接触时，他们重新发掘了希腊科学[6]。

曼德拉草

风茄[7]（*Mandragora officinarum*），亦音译作曼德拉草（mandrake），原产于地中海地区，有一簇大的、有光泽的、绿色的、宽矛状的叶子，在晚冬时开紫色钟形花。到了初秋，它的花将发育成黄色的果实，散发着一种甜甜的、树脂般的香味，形状和大小就像乒乓球。在地下，类似欧洲防风草的根有时具有类人的形状，因此得名“曼德拉草”。

曼德拉草是一种有效的药用植物，在欧洲和中东地区已经被使用了数千年。低剂量富含生物碱的提取物会使人昏昏欲睡和产生麻醉的感觉，中等剂量会让人产生幻觉，而高剂量则可致人死亡。剂量之间的界限通常很窄。如果要安全使用曼德拉草，使用者必须意识到，不同的植物含有不同剂量的生物碱，这取决于它们生长的地方和收获的时间。

在西方植物学中，很少有植物像曼德拉草一样被如此多的民间传说、神话和纯粹的无稽之谈所包围。流传下来的故事和仪式赋予它令人敬畏的名声。当像侏儒一样的树根从地下被拔出的时候，“老妇人”“江湖医生”和“药贩子”[8]会让我们相信，它的尖叫声会杀死把它连根拔起的人。使用剑和咒语可能会保护收割者，尽管更好的收获方法是使用狗。文艺复兴前的曼德拉草插图上通常有犬类相伴。

早在公元前300年，希腊哲学家泰奥弗拉斯托斯就对这样冗长无聊的无稽之谈嗤之以鼻。然而，曼德拉草，特别是那些有着强壮的人形根部的曼德拉草，曾

◀ 曼德拉草（*Mandragora officinarum*）的水彩画。基于费迪南德·鲍尔与约翰·西布索普在地中海东部旅行期间绘制的草图创作，于 1788 年至 1792 年在牛津被完成

是令全欧洲人向往的护身符。稀缺和相关的故事创造了一个市场，但市场充斥着由商家贩卖的假的曼德拉草。博物馆里到处都是这样的赝品，这些赝品通常是从普通植物（如白泻根）的根部削下来的[9]。

尽管挖出曼德拉草有危险，但早在10世纪，曼德拉草就成了英国园林中的装饰品。16世纪的英国药剂师约翰·杰拉德（John Gerard）在霍尔伯恩（Holborn）的植物园里挖掘曼德拉草，多年的实践经验告诉他，不管民间或过去的权威怎么说，将曼德拉草连根拔起是没有危险的[10]。17世纪中叶，曼德拉草是牛津植物园最早种植的植物之一[11]，原因是人们对植物的了解开始依赖于实际观察，而不是接受道听途说。

其中，意大利南部沿海城市萨勒诺（Salerno）附近的一所萨勒尼塔纳医学院（Schola Medica Salernitana）尤为重要。因为这里出现了一批学者，他们致力于将阿拉伯世界保存的关于植物和许多其他学科的古希腊手稿翻译成拉丁文[12]。通过这种方式，从古希腊传承下来的知识在西欧重新绽放光辉，并且激发了文艺复兴时期的人文主义思想[13]。

古希腊哲学将人类视为自然的一部分；而基督教教义则认为人与自然是分离的[14]，地球处于宇宙的中心，而宇宙从根本上是为人类而创造的，一切都服从于智人。基督教教义还认为世界已经堕落，并将自然世界视为人类精神追求的背景。

16世纪40年代，随着人们对自然世界兴趣的高涨，意大利的比萨（Pisa）、帕多瓦（Padua）和博洛尼亚（Bologna）等城市以及16世纪70年代的荷兰莱顿（Leiden）都建立了现代植物园（用于收藏药用植物）[15]。在16世纪早期的伦敦，也有私人如英国药剂师约翰·杰拉德和医生约翰·帕金森（John Parkinson）维护的大型植物园。

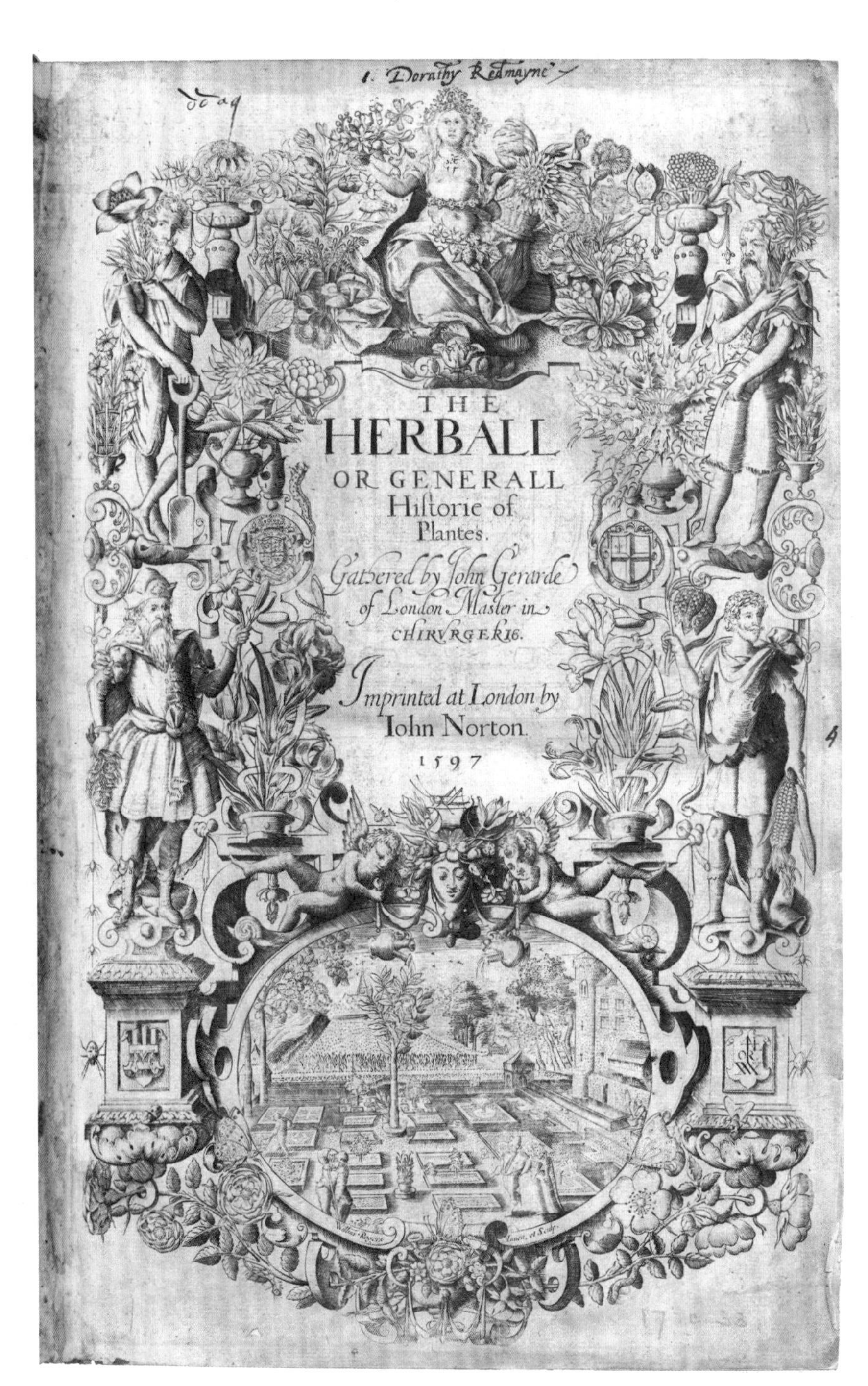

▶约翰·杰拉德的《草药书，或植物通志》（*The Herball*，*or Generall Historie of Plantes*，1597）的扉页。这本书是博巴特（Bobart）夫妇开始筹备牛津植物园时使用的标准英文参考书之一

1621年7月25日，牛津植物园正式建立，但人们对牛津植物的兴趣并不是从这个时候开始的。在植物园成立之前，大学的研究员们负责向医生传授药用植物知识。植物通常作为医学的一部分进行研究，但它们也有很强的宗教联系，因为大自然展现了“神”的仁慈善良和对人的关怀[16]。

这一时期最好的植物学研究是在欧洲大陆进行的，但是，考虑到与医学和神学的密切联系，一些早期的英国植物学家拥有牛津背景也就不足为奇了。例如，“英国植物学之父”16 世纪的英国医生威廉·特纳（William Turner）在牛津大学获得医学博士学位，植物学家亨利·莱特（Henry Lyte）在牛津大学接受教育[17]。学术知识体现在草药上面，从草药的角度对植物进行命名、描述、分类以及图示说明[18]。然而，在文艺复兴之前，与民众日常生活有关的植物学知识却少之又少。因为，牛津植物园记录的内容是有选择性的，即学者认为值得记录的内容才会被记录。

思维方式

从15世纪开始，关于自然的新发现挑战了古老的权威。例如，新大陆上有着古代手稿或《圣经》（*Bible*）中没有提及的族群和生物。为了应对此类挑战，一些人通过精心策划论点、调整证据来适应现有的“正统”观念。不过也有人提出不同看法，例如“科学方法之父”、英国哲学家和政治家弗朗西斯·培根（Francis Bacon）。他认为，自然哲学家必须条理清晰地持怀疑态度，并愿意放弃代代相传的权威。培根的科学推理方法不是采用未经证实的假设和从一般到具体的推理来检验经验观察的结果，而是从具体观察开始，从而得出可能的一般假设[19]。

收集证据的新手段有助于建立科学方法，志同道合的组织会促进思想的传播和确立。在他未完成的乌托邦幻想《新亚特兰蒂斯》（*The New Atlantis*, 1627）中，弗朗西斯·培根描述了本萨勒姆（Bensalem）。这是一个以“慷慨与开明、尊严与辉煌、虔诚与公共精神”为特征的组织机构，由智慧的、自封的精英以科学原则为基础进行治理。这个组织机构的核心是所罗门宫，它是一个纯粹的应用研究机构，配备了包括“两个非常长且漂亮的展览廊”在内的一系列设施。其中包括发明家的雕像，以及“各种相当罕见和优秀的发明的图案和样品”。[20]所罗门宫还包括一个理想的植物园：

> 广大而多样的果园和花园，在这里与其说我们尊重美丽，不如说是看重适合各种树木和草本植物生长的各种各样的土壤；还有一些非常宽敞的地方，种植树木和浆果……在这些地方，我们同样实践了嫁接的所有结论，以及对野生树木和果树的接种，从而产生了许多结果。我们通过技术可以提前或推迟……树木和花朵的生长季节，并且比自然生长的速度更快地生长和结出果实；我们还通过技术使它们比原本更大，它们的果实更大更甜，味道、气味、颜色和形状与它们原本的属性不同；其中许多可以入药使用。[21]

1660年，当皇家学会在伦敦格雷舍姆学院（Gresham College）成立时，“所罗门宫”的理想似乎实现了。[22]培根“新哲学”的核心是实验，而这个核心也是皇家学会的创始人，其中包括牛津大学瓦德姆学院（Wadham College）的院长约翰·威尔金斯（John Wilkins）所认可的。尽管他们相信客观证据对于认知世界的重要性，但学会成员与普通民众一样，持有源自宗教、神话和神秘主义的多种信仰。[23]

皇家学会很快认识到确保其理念得到广泛传播的重要性。在其成立后的五年内，它出版了第一本主要出版物——罗伯特·胡克（Robert Hooke）的《显微图谱，或放大镜观察微小物体的一些生理描述》（*Micrographia, or, Some Physiological Descriptions of Minute Bodies Made by Magnifying Glasses,*1665），并随之进行了观察和调查。[24]这本科学畅销书激发了人们使用显微镜探索自然并推测世界如何运作的灵感。1668年，牛津大学在谢尔登剧院（Sheldonian Theatre）的内部建立了一个印刷车间，并学习了运用印刷的力量来控制思想传播，甚至可能还能赚钱。[25]

现有观点的支持者自然会感到来自新哲学的威胁。[26]例如，在1667 年，基督教会未来的牧师罗伯特·索斯（Robert South）在威斯敏斯特教堂（Westminster Abbey）宣讲道：

看到一群猥琐的、浅薄的暴怒者，把无神论和对宗教的蔑视视为智慧、勇敢和真正谨慎的唯一标志和特征……谴责所有古代的智慧，嘲笑所有的虔诚，以及可以说是对整个世界的新构建，这不能不引起所有有识之士的义愤。[27]

两年后，一位大学的公共演说家代表官方，在谢尔登剧院开幕时重申了自己的观点："（索斯的布道）很长，并且不乏一些对皇家学会作为大学的幕后黑手的恶意和不体面的批评，而这是非常愚蠢和没有事实根据的。"[28]他的听众包括皇家学会中的有影响力的成员，如埃利亚斯·阿什莫尔[Elias Ashmole，他的藏品是阿什莫尔博物馆（Ashmolean Museum）的基础]、约翰·沃利斯（John Wallis，瓦德姆学院的前任院长和学会的创始人之一）、克里斯托弗·雷恩（Christopher Wren，谢尔登剧院的建筑师和学会的创始人之一）和约翰·伊夫林（John Evelyn，作家、学者和园丁）。

到了20世纪中叶，关于如何进行科学研究的观念再次发生了转变。客观检验假设的价值体现在"可证伪性"的概念中。一个关于世界的理论必须提出能够被检验和证伪的假设。一个理论被接受，直到由它产生的假设被拒绝。今天，科学家们以多种不同的方式工作，但他们工作的核心是这样一个原则，即通过观察、假设、实验、评估和重新测试的互动过程来理解自然世界。[29]科学是流动的，它不断发展和改变我们对世界的看法，因为新的事实被纳入现有的想法或不受事实支持的想法被抛弃。例如，两个基本的生物学思想，达尔文进化论和孟德尔遗传学，出现在19世纪下半叶。[30]随着这些想法在20世纪早期成熟，它们改变了我们对生物、我们自己和我们在世界上的位置的看法。[31]

▶ 罗伯特·胡克的《显微图谱，或放大镜观察微小物体的一些生理描述》（1665）中的普通荨麻叶被放大的表面

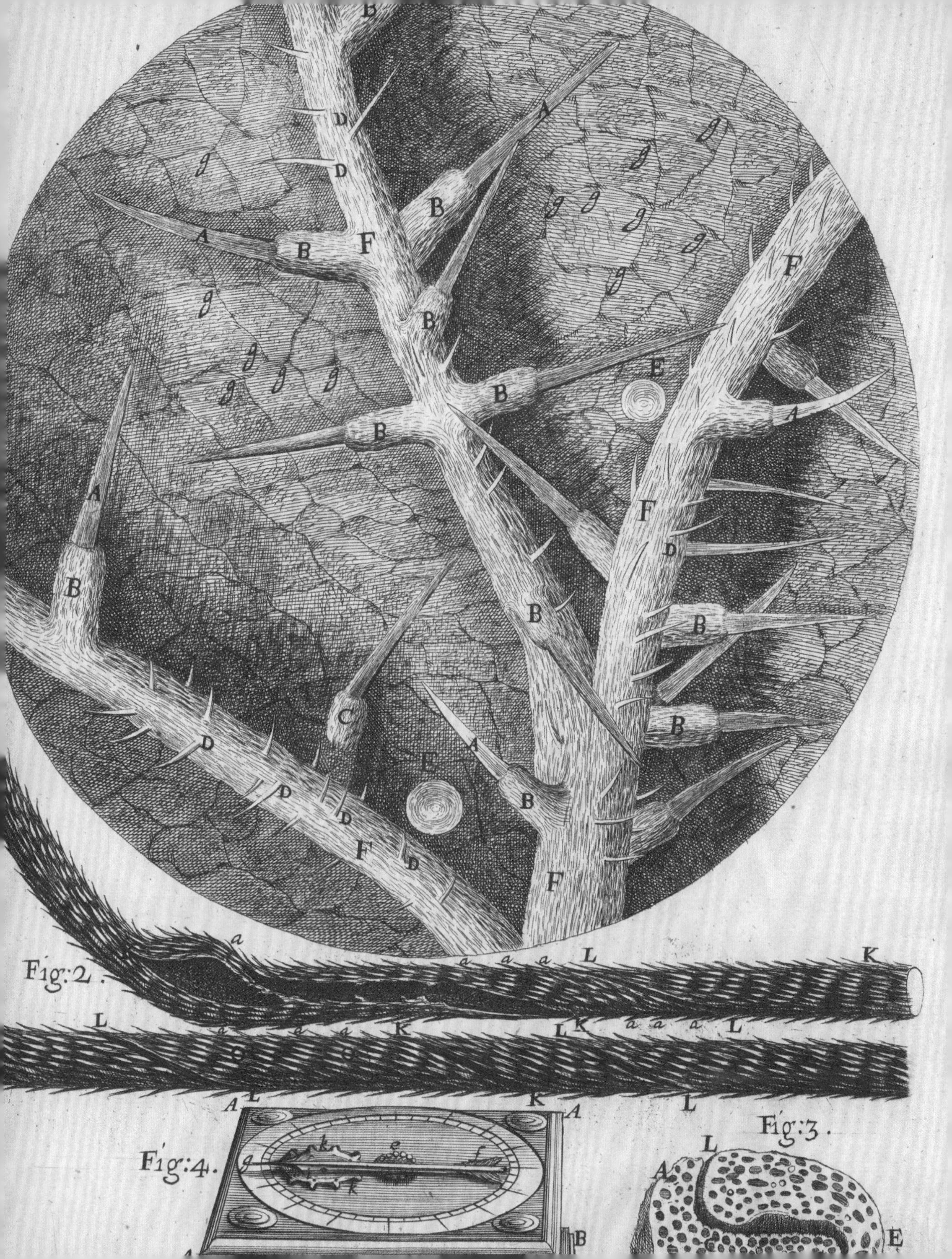

Fig:2.
Fig:3.
Fig:4.

如上所述，科学家不是孤立地工作的，他们受到前辈、同行以及所生活的地点、时代和社会的影响。[32]以前，植物知识在思考植物的学者和与植物打交道的工匠（例如园丁、林务员和农民）之间是分开的。现代科学家并没有做出这样的区分，因为他们通过成像、化学或分子技术，或者计算和数学的力量揭示了关于生命的更微妙的细节。

政治冲突、欧洲帝国的商业需求以及奎宁（金鸡纳树）和橡胶（橡胶树）等植物的药用和经济潜力的发现等全球性事件，一直是植物学研究的重要推动力。[33]

然而，在过去的四个世纪里，一些地区性的、内部的事件在很大程度上影响了牛津大学对植物学的贡献。

大学教授在任职期间对植物学做出了或多或少的贡献。[34]那些担任教授职务的人，同时承担起临时的管理和领导的责任，从而构成了形形色色的人物，主要体现在从平庸到非凡，从专制到民主，从自私自利到大公无私的各种角色上。

牛津大学间歇性的植物学研究归因于几个方面：一方面是“文科大学”对科学的明显敌意；另一方面是牛津与伦敦（18世纪）和工业创新中心（19世纪）的距离，以及它作为“绅士之子的精修学校”的作用。[35]至少同样重要的是，一些来自牛津以外的教授，带着伟大的变革想法来到这里，最终被学校的现实所吓倒。

牛津植物园的建立

罗马作家普林尼（Pliny）曾抱怨医生学习植物的态度，“坐在教室里专心听讲，比到野外寻找各种植物更令人愉快”。[36]虽然大学的医学培训已经从起源于中世纪的死记硬背转变了过来，但除了少数对被处决的囚犯进行解剖外，仍然几乎没有实际的指导教学。[37]1620 年，有人提议在大学里建立一个“植物园”，[38]以支持医学教学。植物（草药）园的建立意味着药用植物将触手可及，这样可以更好地帮助学生和教师，比如可以识别常规处方的植物。[39]

第二年，丹比伯爵亨利·丹佛斯（Henry Danvers）爵士提供了修建植物园的资金。我们不知道丹佛斯为什么想要支持一个植物园，但他可能是受到了他在法国流亡期间看到的植物园的启发，或者只是想留下一个永久的印记。他捐赠了5 250英镑（2020年约为690 500英镑）从马格达伦（Magdalen）学院购买了一块占地5英亩（约2公顷）的易受洪水侵袭的田地，在其周围筑起围墙并开始建造牛津植物园。

1621年7月25日，星期日下午两点钟，大学副校长及其学院的成员穿着华丽的礼服，一起从圣玛丽圣母教堂沿大街前往丹佛斯购买的草地。在大学高层的演讲之后，大家为牛津植物园举行了奠基仪式。[40]

随着仪式的完成，一块不起眼的场地逐渐变成了一个适合“宫殿之城”[41]的植物园。丹佛斯的钱“非常合理而充分”[42]地花在了围墙和大门上。为纪念亨利·丹佛斯而命名的且被精心设计的丹比门于1632年完工，花费500英镑（2020年约61 000英镑）。[43]大门北面包括丹佛斯的半身像，这突出了植物园的资助来源。大门上刻着“*Gloriae Dei Opt. Max. Honori Caroli Regis In Usum Acad. et Reipub. Henricus Comes Danby D.D. MDCXXXII*”[44]，强调了上帝和查理一世（Charles I）的荣耀，以及植物园对大学和国家的用途，并使丹佛斯的名字永垂不朽。

1621年至1636年间，在学校官方清道夫温迪亚特（Windiat）先生的帮助下，当砖石建筑开始建造时，他提供了“4 000吨淤泥和粪土”，从而把该场地的水平面抬高到了邻近河流的上方。[45]

尽管目前还没有资金来让植物园进一步发展，但是牛津大学为植物科学创造的舞台已经搭建完毕。与此同时，丹佛斯的惠赠被石头、灰泥和“淤泥”耗尽了。

未来科学的基础

1633年，当围墙建成后，植物园的所在地最终从城市中分离出来。从第一块石头铺设到这个阶段，已经花了十几年的时间。到1636年，查理一世的园丁老约翰·特拉斯坎特（John Tradescant）被任命为牛津植物园的园丁，但实际上他似乎从未担任过这个职务，或者说他的影响微乎其微。[46]直到1642年，前士兵兼税吏长老博巴特被任命后，这里才有在围墙区域内出现植物的记录，因此我们不知道在此之前土地是如何被使用的。

然而，植物园能否成为其创始人所设想的那样还不得而知，因为丹佛斯为其提供的资金很快被证明是不够的。[47]

此外，当老博巴特成为植物园的园长时，内战发生了。牛津是一个驻军城镇。查理一世在第一次英国内战（1642—1646）早期从伦敦撤退后，在牛津建立了自己的宫廷。在英联邦时期，大学和学院进行了调整，就像 1660 年查理二世恢复王位时所做的那样。

1633年，在意大利和英国发生的几起事件对牛津大学的植物科学产生了影响。在梵蒂冈，宗教裁判所发现一位老人犯有异端罪，这位老人就是伽利略 · 伽利雷（Galileo Galilei），他的罪行是赞同哥白尼的日心说，即地球围绕太阳转，这违反了天主教教义。伽利略受到的惩罚是被终身软禁。[48]在巴勒莫，保罗 · 博科恩（Paulo Boccone）出身于一个富裕的家庭。他后来成为美第奇（Medici）王朝的宫廷植物学家、西多会修士和备受尊敬的自然历史学家。在伦敦，塞缪尔 · 佩皮斯（Samuel Pepys）出生在舰队街的一个裁缝家里。佩皮斯最终进入剑桥大学，并因记录复辟社会而闻名。

伽利略是一位实验主义者，他启发了皇家学会的创始人，而皇家学会又影响了植物园早年的管理方式。佩皮斯一直是一个好奇的观察者，作为学会的主席，他参观了植物园，并帮助确保它成为 17 世纪晚期英国科学机构的一部分。博科恩是一位自然记录者，他与从西西里岛引入的与欧洲千里光（Senecio squalidus）同名植物有关，千里光的生物学特性让一代又一代的植物学家着迷。

好奇之人的收藏

在植物园建立之前的数百年里，欧洲各地的动物园或植物园以引人注目的、稀有的和不寻常的生物而自豪，因为这反映了它们主人的财富、权力和声望。保存下来大量的珍奇藏品的陈列柜，包括奇特的、引人注目的和令人难以捉摸的藏品，甚至还有活物的收藏。约翰 · 特拉斯坎特在17世纪早期建造了英格兰最大也是最著名的博物馆之一，博物馆将活的和死的生物体与人工制品相结合。

▲ 老约翰·特拉斯坎特的肖像。出自小约翰·特拉斯坎特的《特拉斯坎特博物馆》，或保存在伦敦兰贝斯南部的珍品收藏（1656）中

老约翰·特拉斯坎特是服务于贵族的旅行者和园丁，这些贵族包括国务卿罗伯特·塞西尔（Robert Cecil）、著名的朝臣乔治·维勒斯（George Villers）和后来的查理一世国王。作为旅行者，他探索了俄罗斯北极地区、北非、地中海东部和法国。后来，小约翰·特拉斯坎特接替父亲担任了查理一世的首席园丁。当他前往美洲旅行时，他从那里将许多新植物引入英国牛津植物园，例如北美鹅掌楸（Liriodendron tulipifera）和落羽杉（Taxodium distichum）。[49]在伦敦的兰贝斯，特拉斯坎特建造了一个名为“方舟”的公共陈列柜，以及一个吸引欧洲各地游客的植物园。1656年的藏品目录显示，这是一个不拘一格的物品组合，而不是一个连贯的自然历史收藏，因为需要考虑到公众付费的意愿。[50]正如人们所预料的那样，特拉斯坎特的活物收藏品包括曼德拉草。[51]1662年，小特拉斯坎特去世后，埃利亚斯·阿什莫尔将“方舟”添加到自己的大量收藏品中，但没有添加特拉斯坎特的植物园。[52]

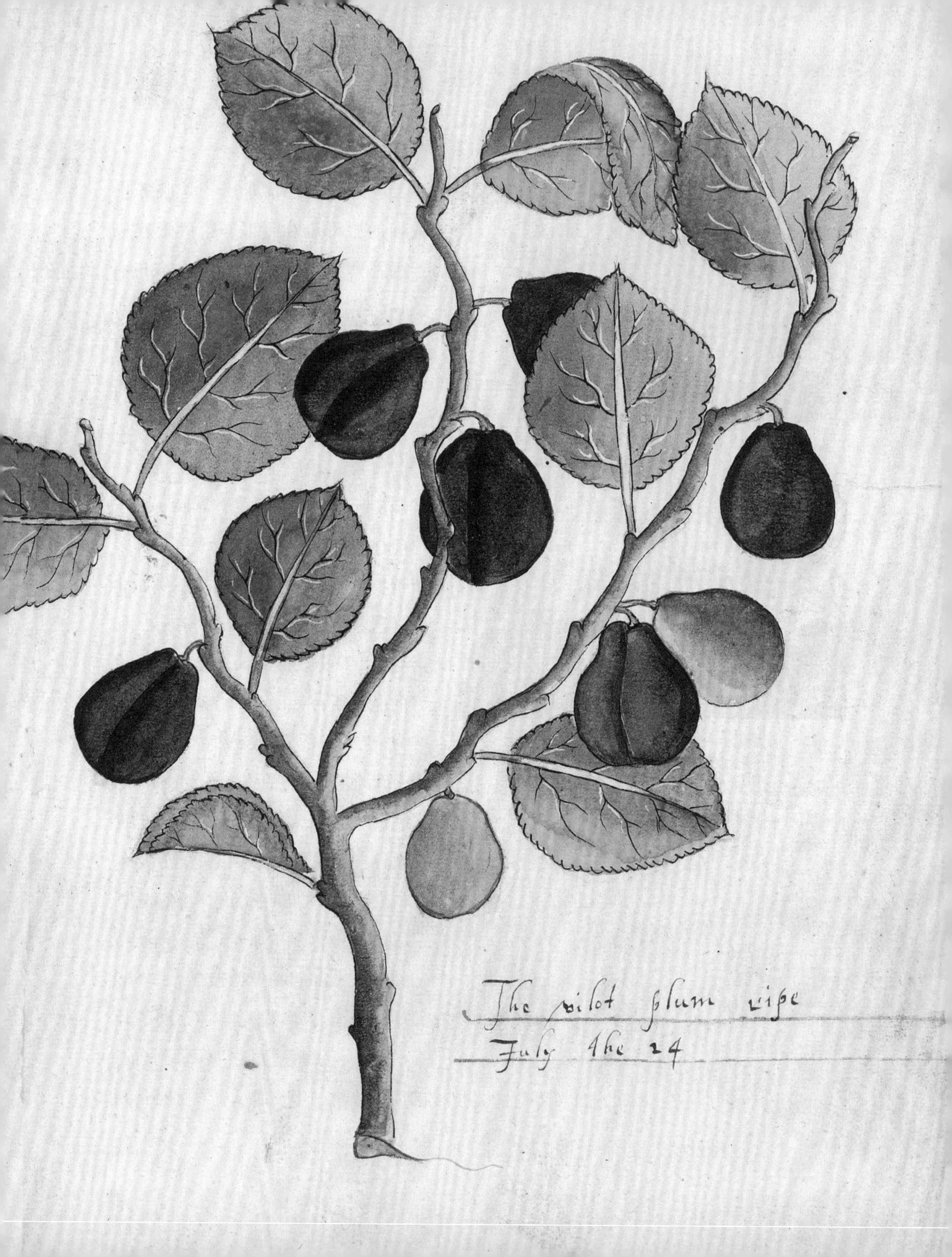
The vilot plum ripe
July the 24

在老博巴特被任命大约40年后，牛津大学获得了阿什莫尔的藏品，这是欧洲首屈一指的珍品陈列地点之一，它成了牛津阿什莫尔博物馆的基础。[53]接纳了阿什莫尔的馈赠后，牛津大学有可能创造出类似于培根的乌托邦之地——所罗门宫的收藏圣地，从而在教育和研究机构的中心建立一个“世界博物馆”。[54]阿什莫尔博物馆的第一任管理员罗伯特·普劳特（Robert Plot）始终坚持这一理想，但随着他于 1690 年离开该职位，这一愿景逐渐消退，这些职能单独发展，而不是通过整个大学的相互协作。[55]尽管普劳特和他的继任者博物学家爱德华·勒怀德（Edward Lhwyd）都高度推崇小雅各布·博巴特在植物学和园艺方面的知识，但是大学并没有鼓励阿什莫尔的收藏和植物园合作。

英国皇家学会改变了收藏的概念，从激发敬畏的地方变成了一个可以进行科学研究和了解世界的地方。为了进一步实现这一目标，英国皇家学会创建了一个放置实验设备和自然珍品的“储存库”，这些设备和珍品将具有“相当大的哲学意义和实用价值”。[56]几十年来，作为证据集合的储存库的理想没有实现，只有纯粹的好奇心成倍增加，例如“一根自然形状像阴茎的树枝上附有一对睾丸”。[57]自 1693 年以来，由于杰出的收藏家汉斯·斯隆（Hans Sloane）在学会事务中发挥着主导作用，因此人们几乎无法对储存库进行改革。然而，在斯隆去世后，学会迅速将储存库的藏品交给了大英博物馆，大英博物馆将其与斯隆的私人物品归置在了一起。[58]

与大学一样，皇家学会也意识到，一个能激起人们对世界产生疑问的整体性收藏是昂贵的，并且最终是无法实现的。此外，17世纪的科学革命在大学中是一个脆弱的产物，与当时的“伟大”神学辩论相比，它只是一个微不足道的关注点，正如它在接下来的四个世纪里的其他时候所证明的那样。[59]

◀ 17世纪的水果画册。摘自埃利亚斯·阿什莫尔收藏的《特拉斯坎特的果园》

17世纪的植物园

在最普通的层面上，植物园是一个可以展示药用植物及其正确名称的地方。例如在 1658 年，一位医生“妄自尊大，因为他有医生的头衔，他可以随心所欲地工作，轻视对简单事物（药物的基本成分）的研究”[60]，他被警告说，植物园可以教给他一些东西。到17世纪后期，托马斯·巴斯克维尔（Thomas Baskerville）认为植物园“用途广泛，装饰精美，不仅对所有医师、药剂师和那些更直接关注实践的人有用，而且对其他人都有各自的用途”。[61]然而，曾在牛津大学学习医学的医生托马斯·西德纳姆（Thomas Sydenham）就没有那么乐观了。他对大学，尤其是牛津大学，作为学习实用医学的地方评价很差：“送一个人去牛津学制鞋和学实用医学一样好。”[62]

◀ 疑为老雅各布·博巴特像。17世纪一位不知名艺术家的油画肖像

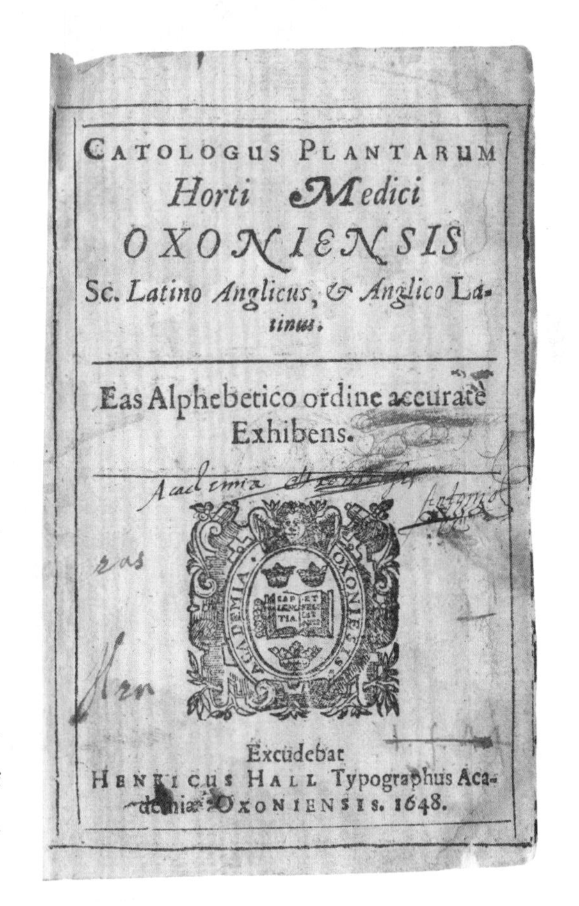
CATOLOGUS PLANTARUM
Horti Medici
OXONIENSIS
Sc. *Latino Anglicus, & Anglico Latinus.*

Eas Alphebetico ordine accurate Exhibens.

Excudebat
HENRICUS HALL Typographus Academiæ OXONIENSIS. 1648.

▶牛津植物园的第一本名录——匿名的《牛津植物园目录》(*Catologus Plantarum Horti Medici Oxoniensis*)（1648）的扉页。一直以来被认为是老雅各布·博巴特的作品

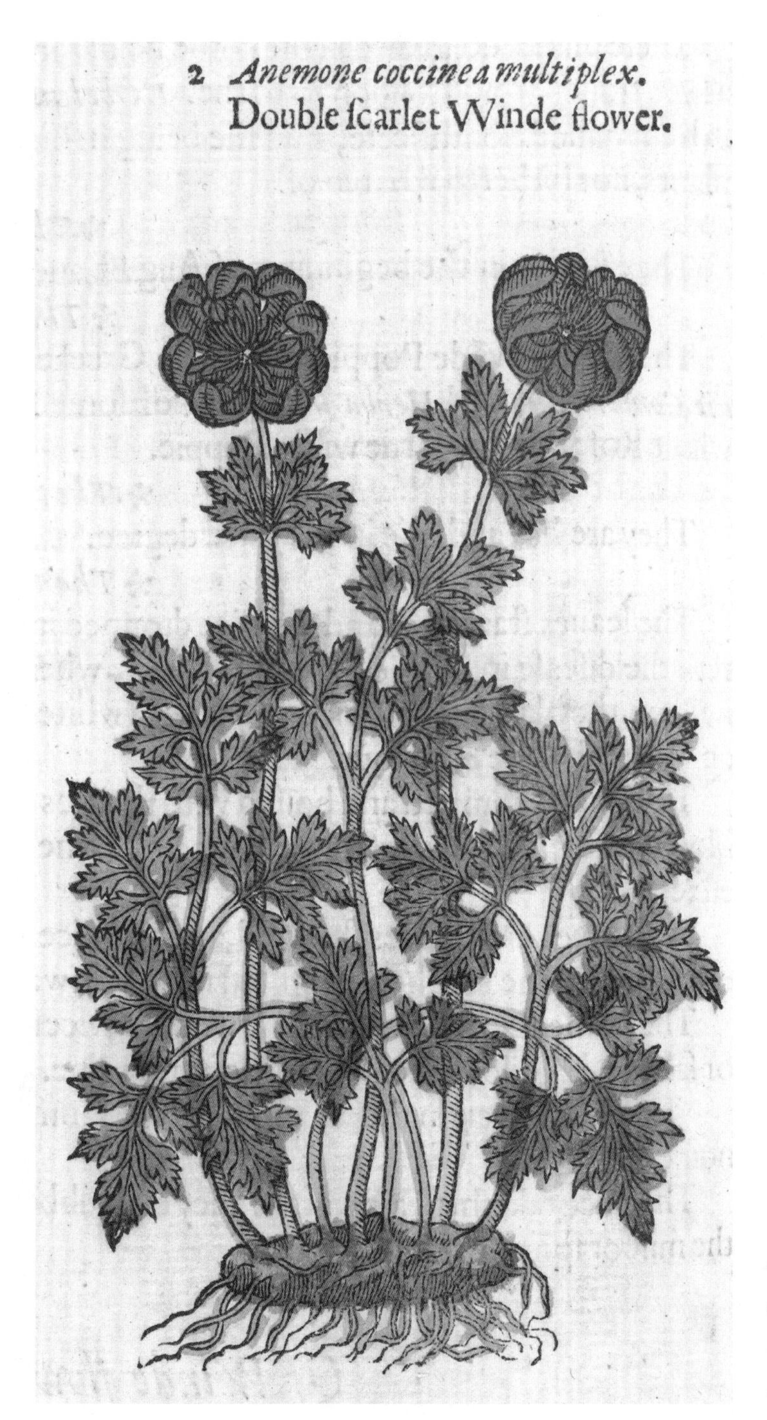

◀银莲花属的插图。摘自杰拉德的《草药书》（1597）手绘版

丹佛斯和大学的想法可能是将植物园作为医学教学资源。然而，17世纪的植物园里的植物列表展示了它们多种多样的种植目的，例如从欧洲和美洲的新植物引进英国，测试植物生长的最佳条件，支持 1669 年任命的植物学钦定教授罗伯特·莫里森（Robert Morison）的研究。[63]

此外，因为大学只提供他们的薪水，所以博巴特夫妇不得不赚钱才能维持植物园的运转。他们采取了富有想象力的筹资方式，包括在牛津市场上出售植物园里的农产品，并在 17 世纪晚期和 18 世纪早期向博福特（Beaufort）公爵夫人玛丽·萨默塞特（Mary Somerset）等富有的赞助者提供不寻常的植物和种子。直到1734年，英国植物学家威廉·谢拉丹（William Sherard）的事务得到解决后，大学才为植物园的维护提供了资源。谢拉丹是牛津大学谢拉丹植物学教授的建立者。

尽管植物园以学术角色为主，但老博巴特还是按照当时高度形式化的时尚来进行布置，就是要看起来漂亮。植物园是一个可以炫耀的地方，也是一个巩固大学权力和声誉的地方。奥兰治亲王（未来的威廉三世国王）等尊贵的客人曾到访过，约翰·伊夫林和埃利亚斯·阿什莫尔等绅士们对其赞不绝口。[64]但支持它的声音较少：1664 年，法国内科医生塞缪尔·德·索比埃（Samuel de Sorbière）将这座植物园斥为“小而失修，与其说是植物园，不如说是果园”；[65]五年后，托斯卡纳大公爵科西莫三世·德·美第奇（Cosimo III de'Medici）认为，这座植物园“几乎不值得一看”，因为它“场地狭小、不规则、种植条件不良”。[66]

在牛津大学的植物学史上，植物园的选址及其对植物学教学和研究的限制，一直是一个反复出现的主题。在 18 世纪晚期，植物学教授约翰·西布索普向他的学生抱怨说，这座植物园“在壮丽和辉煌方面远不如由皇家开支支持的植物园[例如邱园（Kew）、加丁杜罗园（Jardin du Roi）]”。[67]一个世纪后，另一位植物学教授西德尼·瓦因斯（Sydney Vines）也抱怨了这座植物园的状况。[68]20世纪50年代，植物学研究从植物园转移到城市其他地方的专门建造的设施中。即使到了 21 世纪早期，这个地方也不足以满足牛津大学的远大的植物学抱负。

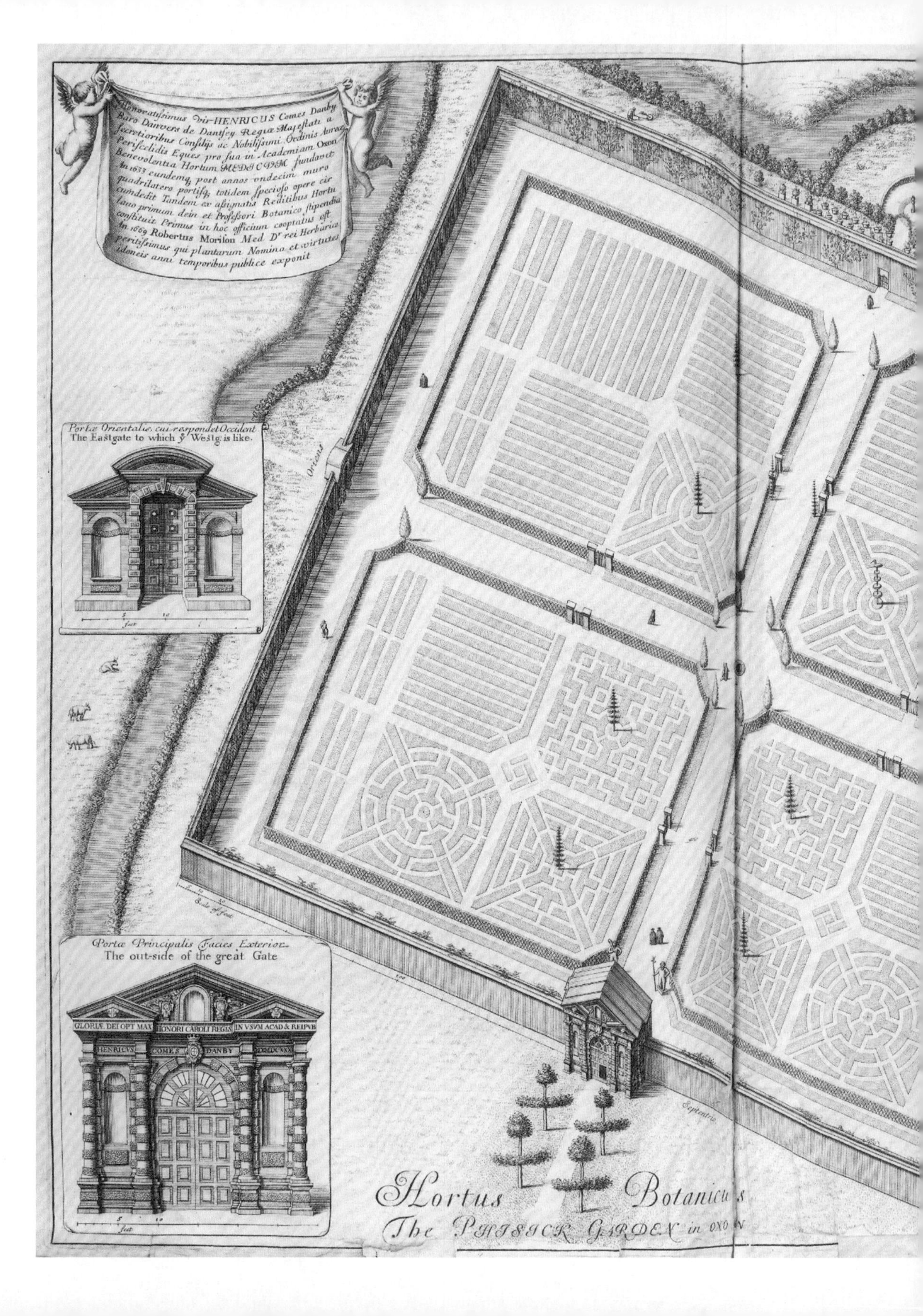
Honoratissimus Vir HENRICUS Comes Danby
Baro Danvers de Dantsey Regiæ Majestati a
secretioribus Consilijs ac Nobilissimi Ordinis Aureæ
Periscelidis Eques pro sua in Academiam Oxon
Benevolentia Hortum MEDICVM fundavit
An 1633 eundemq post annos undecim muro
quadrilatero portisq totidem specioso opere cir
cumdedit Tandem ex assignatis Reditibus Hortu
lano primum dein et Professori Botanico stipendia
constituit Primus in hoc officium cooptatus est
An 1669 Robertus Morison Med Dr rei Herbariæ
peritissimus qui plantarum Nomina et virtutes
idoneis anni temporibus publice exponit
Portæ Orientalis, cui respondet Occident
The Eastgate to which ye Westg: is like.
feet
Oriens
Scale of feet
Portæ Principalis Facies Exterior
The out-side of the great Gate
GLORIÆ DEI OPT MAX
HONORI CAROLI REGIS
IN VSVM ACAD & REIPVB
HENRICVS
COMES
DANBY
feet
Septentrio
Hortus Botanicus
The PHISICK GARDEN in OXON

即便如此，但从17世纪40年代到1951年，植物园一直是大学中植物科学研究的重要场所。1951年，植物学系从植物园搬到了公园南路。植物园里的植物曾被用作 17 世纪的医学教学，但第一任主管含蓄地拒绝了植物学仅仅是医学的“侍女”的观点，他认为植物具有独立于其食用和药用的价值。此外，在园内资源贫乏的情况下，在那里工作的植物学家和园丁渴望获得有关植物的新知识。刚刚成立的皇家学会要求客观证据的方法已经生根发芽——Nullius in verba（不相信任何人的话）。

◀ 牛津植物园平面图的铜版版画。出自大卫·洛根（David Loggan）的《牛津插图》（*Oxonia Illustrata*）（1675）

亨利·丹佛斯（1573—1644）[69]，他出生于威尔特郡（Wiltshire），是一名军人也是一位行政官员，在16世纪晚期和17世纪早期的动荡时期，他在欧洲战场上取得了不菲的战绩。他曾在荷兰、法国、西班牙和爱尔兰为奥兰治王子莫里斯（Maurice）、埃塞克斯第二伯爵罗伯特·德弗鲁（Robert Devereux）和第八任蒙乔伊男爵查尔斯·布朗特（Charles Blount）等人效力。

1594年，亨利和他的哥哥查尔斯谋杀了与之敌对的威尔特郡家族的一名成员，并在南安普敦第三伯爵亨利·赖奥塞斯利（Henry Wriothesley）的帮助下逃到了法国。这对兄弟为法国亨利四世效力，并于1598年被伊丽莎白一世赦免。然而，查尔斯参加了埃塞克斯伯爵的叛乱，三年后被斩首。亨利则受到詹姆斯一世和查理一世的青睐。1603年詹姆斯一世封他为丹佛斯男爵，1621年封他为根西岛终身总督，1626年查理一世封他为丹比伯爵。亨利的弟弟约翰是签署查理一世死刑令的地方法官之一。

丹佛斯非常富有，但他在牛津郡康伯里公园退休后身体状况不佳。丹佛斯没有结婚，没有孩子，即便没有子嗣，他作为建立牛津植物园的捐赠人也会被后人记住。

老雅各布·博巴特（约1599—1680）[70]，他出生于现代德国的布伦瑞克（Braunchweig），被誉为“德国植物王子”，他在牛津定居之前是一名士兵。1642年，博巴特被任命为植物园的第一任主管。除了他是一个身材高大、体格健壮、有文化、性格古怪、正直、对修剪情有独钟的酒吧老板外，人们对他的了解甚少。[71]从同时代的肖像画可以看出他是一位留着长胡子、相貌相当严肃的男子，他可能会“在大学的教授们中独树一帜”，[72]但他是城里才子们的笑柄。博巴特被认为是植物园中第一个植物目录《牛津植物园目录》（1648）的作者。

博巴特结过两次婚，至少有10个孩子。他的长子雅各布成了植物园的继任者。[73]在博巴特去世后，他家庭的经济状况没有发生变化，依旧拥有利润丰厚的“灰狗旅馆和牧场”的租约以及斯密斯盖特（北卡特街）的房屋。他还在乔治巷（乔治街）拥有一处房子，并将超过115英镑（2020年约13 000英镑）的钱款遗赠给了他的女儿们。瑞典植物学家卡尔·林奈（Carl Linnaeus）为纪念博巴特（Bobart）和他的儿子雅各布（Jacob），将鸢尾科（*Iris family*）中的一组南非植物命名为蔺鸢尾属（*Bobartia*）。

PART OF WAR=WICK SHI=RE
PART OF NORTHAMP=TON SHIRE
THE MAP OF OXFORDSHIRE
PART OF BUCK=ING=HAM S H=I=R=E
PART OF GLO=CES=TER SHI=RE
PART OF BERK SHIRE
OXFORD
Banbury
Chippingnorton
Woodstock
Thame
Abbington
Wallingford
Reading
Michael Burghers Sculp

罗伯特·普劳特（1640—1696）[74]，是皇家学会会员，也是牛津大学的化学教授，还是17世纪英国最重要的珍品储藏地——阿什莫尔博物馆的第一位管理员。普劳特出生于肯特郡，1658年进入牛津大学的马格达伦学院（现在的赫特福德学院），在接下来的30年里，他赢得了“博学的普劳特博士”的美誉。他对理解自然世界的实验方法很着迷，这些方法在牛津大学兴起，并与罗伯特·博伊尔（Robert Boyle）等自然哲学家结合在一起。1677年，普劳特出版了讲述英国自然史的《牛津郡自然史》（*Natural History of Oxfordshire*）。普劳特的目标很明确：他想对物体和现象提供理性、详细的描述，他相信通过实验来理解自然世界的价值。

普劳特的到来给阿什莫尔博物馆带来了十足的热情和高标准的管理，但也带来了一种占有欲，这“让他的一些古物同行感到厌恶”。[75]然而，到了1689年，埃利亚斯·阿什莫尔似乎对他的馆长失去了信心：“他在自己的位子上表现得很差劲，但他完全忽视了这一点——只在他喜欢的地方游荡。”[76]1690年，当普劳特决定结婚时，他被迫放弃了这一职位。

◀ 牛津郡地图。摘自罗伯特·普劳特的《牛津郡自然史》（1677）

4
I
1
a
b
2
5
II

2 茎

藏品

所有的植物生物学家都依赖从某种形式的收集中获得的数据。这些包括从植物标本馆收集的制干的植物，来自植物园或实验里的活植物，来自种子库的种子或细胞培养物，数据库中的DNA、RNA和蛋白质序列，实验数据集，以及书籍、期刊和手稿。藏品使样本能够在内部进行比较，并且这些样本能够与过去使用的样本进行比较。它们让当前的研究人员对前人收集的数据充满信心，同时提供可能对他们的后继者有用的数据。简言之，藏品是证据——经验数据（事实）的储存，从中可以提炼信息，产生和检验科学思想。它们代表了一种智力资本，辅以不断发展的技术和分析框架，可以用来研究有关植物的新问题。

◀ 一种雌性大麻植物（*Cannabis sativa*）的手绘金属版画。出自伊丽莎白·布莱克威尔（Elizabeth Blackwell）的布莱克威尔植物标本馆（Blackwellianum，1760）

牛津大学有一些古老的植物收藏品。它们提供了至少可以追溯到四个世纪前的现存植物的数据。[1]它们所包含的数据在数量、质量和地理范围上都非常丰富。植物标本馆对这些植物的永久保存是对植物园中短暂存活的典型植物的良好补充。最终，实验藏品保留了下来，并且可以与在受控条件下生长的植物彼此进行严格的比较。如果没有国家和国际上收集的种子库、突变体、细胞系，当然还有序列和性状（植物特征）数据库之间的数据交换，牛津大学目前的植物科学研究将难以为继。

如今，牛津大学的植物科学家进行的研究为全球数据库提供了数十万个数据点，供其他研究人员使用。这样的创新只有25年的历史。不过在牛津大学的标本馆、植物园、图书馆和档案馆中，牛津为后代管理数据的历史要长得多。

大麻

大麻[2]（*Cannabis sativa*）是一种高大的风媒授粉的一年生草本植物，雌雄株分开。从大麻的茎中分离出来的坚韧纤维可做成船只的索具，帮助一些西方国家控制了全球大片地区，而富含油脂的种子则为亚洲部分地区提供了食物和燃料。精神活性药物四氢大麻酚（tetrahydrocannabinol）浓缩在花蕾上的微小腺体中，一方面在现代医学中发挥作用，另一方面在世界范围内用于娱乐。

几千年来，人类有意识地、无意识地通过种植改良了大麻。人工在野外种植的大麻还与野生大麻交换了基因，从而在植物的外观上创造了复杂的变异模式。此外，药品、食物、纤维和油是来自大麻属的同一物种，还是来自不同物种，几个世纪以来一直是一个争论不休的问题。

如果我们接受人类只使用一种大麻，那么可以识别出两个亚种，每个亚种都有其野生和栽培形式。一个亚种（*ssp.sativa*）的茎和

▶ 雄性大麻植物（*Cannabis sativa*）的手绘金属版画。出自伊丽莎白·布莱克威尔的布莱克威尔植物标本馆（1760）

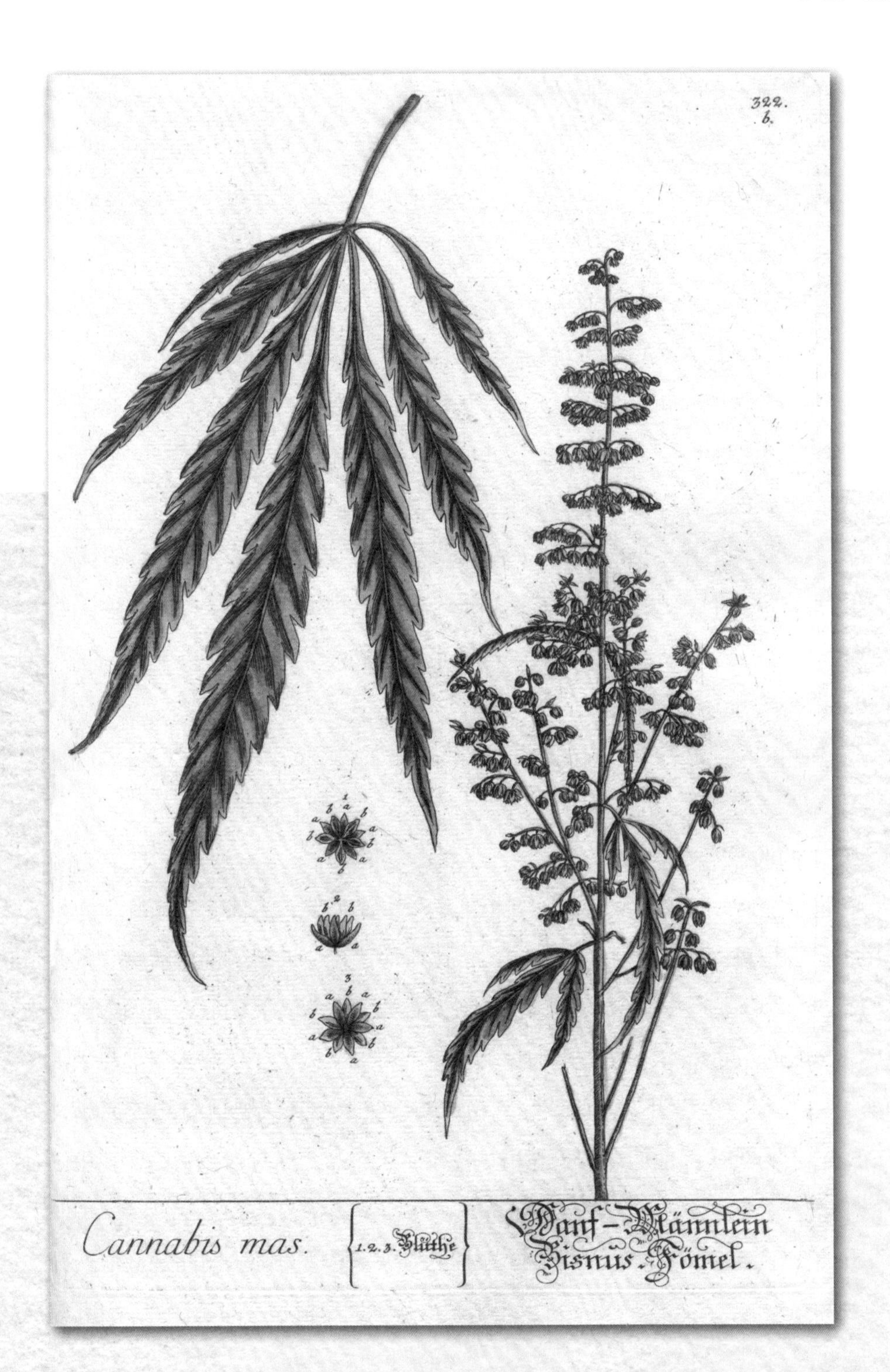
322.
b.
Cannabis mas.
1.2.3. Blüthe
Hanf-Männlein
Bisnus. Fömel.

果实被用于纤维、食品和油脂的生产，而另一个亚种（*ssp. indica*）的花和叶被用于药物生产。科学讨论的核心在于解释和理解与人类密切相关数千年的植物的复杂变异模式。然而，大麻生物学不仅仅是给植物命名，它还涉及了解植物的生物学，包括生态学、遗传学、生理学、生物化学和进化。

17世纪60年代在植物园生长的大麻植物，被添加到老博巴特的植物标本馆中，被称为雄性大麻（*Cannabis mas*）或雌性大麻（*Cannabis femina*）。在植物有性生殖尚不为人知的时代，这些名称被错误地用于性别当中。强壮的雌性植物被称为“雄性大麻”，而娇嫩的雄性植物被称为“雌性大麻”。[3]在这个时期，其他雌雄分开的植物中也可以看到类似的形态和性别的混淆。[4]

除了性别之外，植物生物学中的关于提高我们对大麻生物学理解的基本问题的答案来自几个世纪的正式和非正式研究。[5]这一过程的一个重要部分是从全球收集的干燥标本、实验室检验、DNA和其他序列数据库，以及从图书馆、档案馆和非书面传统知识收集中综合数据。

变化的收藏价值

17世纪晚期，特拉斯坎特的陈列柜抵达了牛津大学，虽然它在植物学中没有任何作用，但这是来自另一个时代的珍品，特拉斯坎特在兰贝斯南部的活物收藏品是它昔日的影子。[6]到1710年，马格达伦学院的研究员兼《旁观者》的联合创始人约瑟夫·艾迪生（Joseph Addison），把这些收藏称为“一群完全致力于收集大自然垃圾的学者”的努力。[7]然而，牛津最早的两位陈列柜的管理员罗伯特·普劳特和爱德华·勒怀德（Edward Lhywd），他们热衷于利用这些藏品来加深全球对包括植物学在内的自然世界的了解。

17世纪下半叶，牛津大学开始将这些收藏从一柜子的奇珍物品慢慢演变为一组精心策划和标记的物品，这些物品可以用来解决科学性的植物学问题。这一变化是随着博巴特夫妇扩大了植物园的活植物收藏而来的，因为他们私下参与创建了一个保存干燥植物的图书馆——植物标本馆，这些植物标本来自植物园和城市周围的乡村。[8]

16世纪中叶，博洛尼亚大学植物学教授卢卡·吉尼（Luca Ghini）通过干燥来保存扁平植物的技术可能起源于欧洲。[9]最早提到标本馆的一个例子是由吉尼的一个学生所做的："我从来没有在英国见过它（海滨珍珠菜，*Lysimachia maritima*），只在福克纳（Falkonner）大师的笔记中保存过，而那是他从意大利带来的，除非我记错了。"[10]然而，直到17世纪晚期，当纸张价格下降时，植物标本集才成为常见的科学工具和"好奇者"想要的物品。[11]在好奇者中，1665年11月5日，塞缪尔·佩皮斯对约翰·伊夫林的《冬季花园》（*Hortus Hyemalis*）感到惊讶，他说，这本书里有好几种植物的叶子都是干燥的，但它们保持了颜色，看起来非常精致，比《草药书》的内容都要好。[12]

▼ 在牙买加收集的可可（Theobroma cacao）标本。来自威廉·谢拉丹的个人植物标本馆，压在干燥纸上（如第32页可可标本所示）

博巴特夫妇创建皮面精装的最大开本图书标本馆的原因尚不清楚。也许他们意识到它包含的 2 800 个标本提供了与 17 世纪植物园中生长的植物的重要联系。[13]当然，到了 18 世纪早期，博巴特夫妇的新藏品已经广为人知，至少在牛津是这样：

压干植物标本将得到：

两本十册的大部头——伟大的工作！

花费巨大的代价编撰；

只要聚精会神，

就能永世长存。[14]

19世纪中叶，牛津大学的化学家和植物学家查尔斯·道本尼（Charles Daubeny），第五任谢拉丹植物学教授，正忙于纠正几十年来对植物园及其活体收藏品忽视的问题。[15]1853年，他代表牛津大学正式接手了英国植物标本收藏家亨利·菲尔丁（Henry Fielding）的大型植物标本馆，他相信收集活的和干的植物是辅助教学和研究的工具。他认为，鲜活的藏品可以激发人们对植物的兴趣，并为教学提供了从有限种类中获取大量季节性材料的途径，而在一个“干燥的植物园”中，全年都可以获得来自大量植物的有限数量的材料。

◀ 在一张干燥的纸上留下的可可样本的印痕，被用作谢拉丹《纵览》的一部分的封面

当道本尼通过谈判买下菲尔丁的收藏品时，他从菲尔丁的妻子玛丽（Mary）那里获得了900英镑（2020年约为72 000英镑）的捐赠，用于支付雇佣一名馆长的费用，但实际上只获得了零星的相关服务。1854年，20岁的麦克斯韦·马斯特斯（Maxwell Masters）被任命为第一任菲尔丁馆长，大约三年后，他辞去了在伦敦圣乔治医院医学院（St George's Hospital Medical School）教授植物学的职务，最终担任了《园丁纪事》（*Gardeners' Chronicle*）的主编。1886年，26岁的德国植物学家塞尔玛·舍恩兰（Selmar Schönland）担任为期三年的菲尔丁馆长，然后移居南非，并在那里成立了罗德斯大学（Rhodes University）的植物学系。[16]这个职位后来一直空缺，直到牛津的药剂师乔治·克拉里奇·德鲁斯（George Claridge Druc）于1895年成为名誉馆长，他一直担任此职，直到37年后去世。[17]

对牛津植物收藏的监督有两件值得注意的事情。直到19世纪80年代，与现存和保存的植物收藏品有关的书籍、档案和手稿都由植物学教授保管。因此，当第三任谢拉丹植物学教授约翰·西布索普于1796年去世时，大部分档案都在他位于考利楼（Cowley House）[现在是圣希尔达学院（St Hilda's College）的一部分]的家中。他的亲戚们想利用考利楼的空间，于是把大部分档案当作废纸卖给了牛津的商人。[18]类似地，在1942年，当任职时间最长的主管威廉·贝克（William Baker）在服务了54年后被要求退休时，他愤怒地毁掉了植物园的大部分种植记录。[19]这类事件，在一定程度上反映出人们对牛津大学植物学收藏品的长期价值和科学作用缺乏远见和信心。

▼ 耳叶报春，形似耳廓而被命名的品种。摘自老雅各布·博巴特的《植物标本馆》一书，这是该大学植物学收藏品的基础。这些标本可能是17世纪60年代在植物园采集的

Azederach sive
The Bead tree.

在20世纪，关于植物学（以及更广泛的生物学）中重要或有趣问题的分歧，加上高昂的研究成本和开展这类研究的资源日益减少，常常使牛津大学植物收藏的管理人员与教授、大学主管部门、藏品用户和研究资助者不和。这并不是牛津独有的现象——这发生在国家乃至国际层面，随着科学调查方法的发展，植物藏品经历被合并、储存或丢弃的过程。

植物收藏作为大学的知识财富的一部分，资本和环境必须适应现代植物科学的风格。如今，牛津大学内的三个机构共同负责植物藏品：牛津植物园和树木园，博德莱恩图书馆，还有以牛津大学植物标本馆为主的植物科学系。

活体藏品

活体藏品在植物学教学和研究中具有重要作用。在过去的30年里，这些植物的藏品已经彻底改变了自己，让我们了解到了植物在日常生活中的重要性以及它们在自然环境中面临的威胁。自17世纪40年代开始种植以来，植物园或多或少在植物学信息交流中发挥了不同的作用。[20]

▶ 牛津大学植物标本馆排列着桃金娘科（*Myrtaceae*）的标本，包括红色文件夹中的类型

博巴特夫妇参与到由园丁组成的交流组织中，他们交流技术、分享观察到的植物，并充分发掘植物学的神秘性、实践性和实验性，满足自己的兴趣。当时和现在一样，游客们希望在植物园里发现奇异的植物，因此博巴特夫妇开发了温室和炉灶，培育出更娇嫩的标本，以满足他们的期望。1648年，植物园匿名出版了包含大约1 400种植物的简单目录。如果不是博巴特夫妇收集到的实物标本保存在大学的植物标本馆里，这份目录在今天几乎没有什么科学用途。[21]

通过将出版物上的名字与博巴特夫妇在标本上手写的名字进行匹配，人们可以确定实际种植的是什么植物。除了一小部分的药用植物外，还有一些新奇的品种，例如从美洲引进的“不起眼的植物”——含羞草，它的叶子在被触摸时会蜷缩，以及从野外和大学植物园中采集的五颜六色的植物。园艺爱好者的最爱包括银莲花（*Anemone*）、风信子（*Hyacinthus orientalis*）和桂竹香（*Erysimum cheiri*）的形态和颜色。到 17 世纪晚期，博巴特植物园的墙壁上长满了修剪过的乔木和灌木，如苹果（*Malus*）、樱桃（*Prunus*，*Cerasus*亚属）、欧楂（*Mespilus germanica*）、桃（*Prunus persica*）、梨（*Pyrus communis*）、李子（*Prunus*，*Prunus*亚属）和榅桲（*Cydonia oblonga*）。[22]博巴特植物园里储存的种子和植物有多种来源，例如来自他们自己在野外收集的、朋友和同事送的礼物以及其他园丁之间的交流。有些植物甚至可能已经被购买了，因为植物园发现它们的标本数量异常。

我们知道这座植物园是由紫杉树篱（yew hedges）分隔布置的，尽管我们掌握了所有关于它内部所含的信息，但是我们对这些植物是如何排布的知之甚少。它们可能是根据药用或其他实用用途来排布的，或者是根据植物的地理起源来排布的。在18世纪，人们对正规植物园的兴趣有所下降，第三任谢拉丹植物学教授约翰·西布索普在地理基础上重新设计了花圃和种植方式，英国和欧洲植物位于南北路径的东侧，北美和亚洲植物位于西侧。西布索普的植物园似乎没有经过修剪，这些植物显示出“它们的自然生长，没有被艺术掩盖或扭曲”，同时精心安排这些植物也反映了他的教学兴趣。[23]

19世纪，查尔斯·道本尼和园林主管威廉·巴克斯特（William Baxter）用美丽的弧形花坛对植物园进行了彻底的重新设计。19世纪80年代，第七任谢拉丹植物学教授艾萨克·贝利·巴尔福（Isaac Bayley Balfour）根据当时英国皇家植物园乔治·边沁（George Bentham）和约瑟夫·胡克的分类学体系，抛弃了巴克斯特的花坛，并设计了“有序的花坛”。在20世纪，学者们争论不同分类系统的优点，但在21世纪早期，植物园主任蒂莫西·沃克（Timothy Walker）根据基于DNA数据的植物分类重新排列了花坛。在植物园的其他地方，在20世纪20年代增加了一个岩石植物园，并在40年代铺设了草本植物园。在21世纪，植物园的园艺创新继续进行，包括诸如默顿边界（Merton Borders）等激进设计，其目的是将视觉冲击、低投入设施和成本效益管理结合起来。

18世纪30年代，植物园加入了园艺争先的竞赛中。为收藏外来的藏品[如咖啡（*Coffea arabica*）、茶（*Camellia sinensis*）、棉花（*Gossypium*）、甘蔗（*Saccharum officinarum*）和菠萝（*Ananas comosus*）]和稀有珍品，特别是来自肯特郡埃尔塔姆皇家药剂师詹姆斯·谢拉丹（James Sherard）植物园的珍品，植物园修建了两座规模不大的温室。[24]种植外来植物是有代价的：1735年至1754年间，植物园每年的常规预算中约有40%用于取暖和维护温室，以维持植物的生存。到18世纪晚期，事实证明，这些温室更具装饰性，而非实用性的。

道本尼种植维多利亚睡莲（*Victoria amazonica*）的愿望促成了植物园中温室的最大规模改造。1851年，睡莲屋的水箱通过流经铁管的热水加热，成为道本尼温室建筑群的中心。维多利亚睡莲两年后开花。然而，水箱的基建很差，持续的维护成为植物园的一个财政负担，因此道本尼最终自掏腰包。[25]到20世纪早期，这些问题已经得到了解决，但在玻璃下种植奇异植物意味着自19世纪中叶以来，温室大约每40年就要更换一次。

一个科学收藏品需要的不仅仅是一个物体的外壳，无论它是活的还是死的。为了使标本具有科学价值，它们必须与收集它们的时间和地点等有关的数据相关联，并且必须有一个物种分布的多个例子。因此，更多的价值附加在已知野生来源的独特标本上，而不是那些来自商业渠道或通过与其他收藏品交换获得的标本上。

牛津市中心的植物园不大可能将每个单一物种都置于其中，原因是要么空间太小，要么场地太宝贵。参观者通常希望看到许多不同的东西，而研究人员往往对许多相似植物的不同例子之间的差异感兴趣。这种差别在收集树木方面表现得尤其明显。

树木一直是植物园景观的一部分，但在19世纪40年代，出于经济和美学原因，道本尼开始积极地种植一批结球果的树木（裸子植物）。[26]种植在植物园西墙和玫瑰巷之间的松树包括智利南洋杉（*Araucaria araucana*）、北美金柏（*Cupressus nootkatensis*）和乔松（*Pinus wallichiana*）。这种设计的初衷是“同时选择最耐寒和最具观赏性的”[27]物种，不过园地上的一个树木园失败了，尽管原来的两种植物保留了下来。

1963年，植物园获得了种植树木的机会，当时大学将位于牛津东南约8千米处的努内汉·考特尼（Nuneham Courtenay）的努内汉公园（Nuneham Park）的部分地产让给了植物园。努内汉·考特尼树木园的核心是由爱德华·维纳布尔斯-弗农-哈考特（Edward Venables-Vernon-Harcourt）主教于1835年创建的松树园。树木园的面积逐渐增加到了如今的大约 53公顷。今天，树木园拥有一批成熟的针叶树，尤其是来自北美的针叶树，它们都位于一个历史悠久的景观之中。考虑到树木的高度，特别是北美红杉（*Sequoia sempervirens*）、巨杉（*Sequoiadendron giganteum*）和北美翠柏（*Calocedrus decurrens*）等植物园中最古老的树木的高度，以及它们所需的土壤类型，牛津市中心是不可能种植它们的。树木园的空间意味着可以种植一个物种的种群，而不是单一的标本树。

▼ 19世纪晚期保存在酒精中用于教学的植物标本

标本馆

牛津大学植物科学系的植物标本馆收藏了100多万份植物标本。其他较小的场馆，通常是19世纪以前的植物标本馆，包括坐落在博德莱恩图书馆和默顿（Merton）、奥里尔（Oriel）及瓦德姆学院。除了前植物学系的藏品外，该标本馆还包括前林业系的藏品和乔治·克拉里奇·德鲁斯的大量个人藏品。[28]

植物标本馆的前身是 1720 年之前由博巴特夫妇建立的私人植物标本馆，但在1728年，植物学家和外交家威廉·谢拉丹将他的个人植物标本馆遗赠给了大学，从而改变了植物标本馆。作为圣约翰学院的一名法律系学生，谢拉丹后来在巴黎和莱顿学习植物学，在欧洲建立了广泛的人脉网络，并资助了欧洲和美洲的植物采集考察。18世纪晚期，伦敦林奈学会创始人詹姆斯·爱德华·史密斯（James Edward Smith）将谢拉丹的植物标本馆描述为继他从林奈家族购买的瑞典“分类学之父”卡尔·林奈的植物标本馆之后“世界上最丰富、最真实、最有价值的植物记录”。[29, 30]

18世纪期间，博巴特和谢拉丹植物标本馆增加了后来的谢拉丹植物学教授的藏品，包括约翰·迪勒尼乌斯（Johann Dillenius）和约翰·西布索普，以及大量捐赠，如东印度公司出纳长查尔斯·杜波伊斯（Charles Dubois）的植物标本馆。1850年，道本尼报告了大学植物标本馆中的43 812个标本，但数量似乎被低估了，因为今天的标本馆中大约有80 000个1750年以前的标本。

▶ 布吕诺·托齐（Bruno Tozzi）的《森林中的真菌》（*Sylva Fungorum*）（1724）中的红笼头菌（*Clathrus ruber*）的水彩画。这是约翰·迪勒尼乌斯用来研究真菌的纸上博物馆的一部分

1852年，道本尼说服了牛津大学接受亨利·菲尔丁的植物标本馆，该标本馆包含约80 000个标本。菲尔丁把他继承的大部分财产都花在了建立维多利亚时代世界上最大的个人植物标本收藏中心上。道本尼认为，为世界植物多样性进行编目的任务已经接近尾声，他既乐观又大胆地赞扬了菲尔丁收藏系列的完整性：

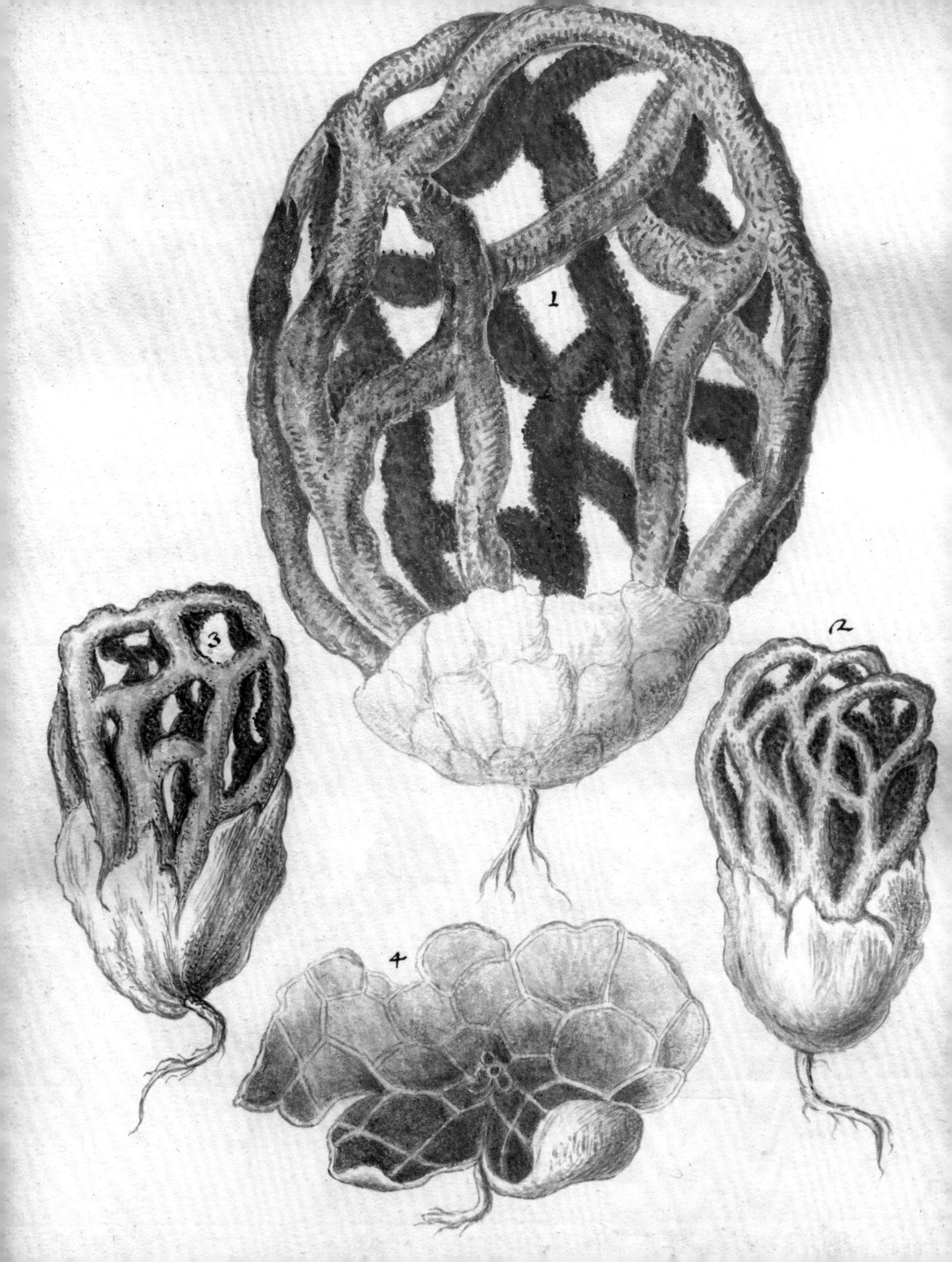
1
2
3
4

事实上，它（世界）表面的很大一部分已经被搜寻一空，用来提供这些陈列柜的内容。因此，对我来说，列举不足之处似乎比叙述收藏品的内容要短得多。[31]

在接下来的70年里，通过捐赠和购买藏品，植物标本馆至少增加了25 000个标本。[32]到20世纪早期，植物学系的标本馆包含了大约200 000个标本。

20世纪早期，在植物标本馆发展的同时，皇家林业研究所（Imperial Forestry Institute）和乔治·克拉里奇·德鲁斯私人分别创建了新的植物标本馆。1924年，由农学家兼热带森林学家约瑟夫·伯特·戴维（Joseph Burtt Davy）担任馆长的林业植物标本馆正式开放。[33]伯特·戴维关心的是确保收集的木材适合向殖民地森林官员教授植物学，并有助于识别具有（潜在）经济价值的木材。在早期，牛津大学培训的森林官员每年从大英帝国各地运送多达8 000份标本。它成立10年后，收藏了大约54 000件标本，其中大部分来自讲英语的非洲和亚洲地区。第二次世界大战后，这批收集的藏品继续迅速增长，但随着研究人员开始研究热带地区的植物多样性，收藏的地理范围也扩大了。

乔治·克拉里奇·德鲁斯是菲尔丁植物标本馆的名誉馆长，19世纪70年代早期，当他还是个年轻人时他就开始建造自己的植物标本馆。直到1932年去世，他每年都在不断地往里面添加大约4 000个标本。德鲁斯去世后，大学勉强接收了这批标本，其中约有200 000份标本，大部分是在英国收集的。这是英国私人拥有的最大、最重要的植物收藏。[34]

植物园北墙外的“常青树屋”建于1670年，在18世纪早期被改建为教授宿舍。在18世纪80年代，它在一项道路拓宽计划中被拆除，第二任谢拉丹植物学教授汉弗莱·西布索普（Humphrey Sibthorp）建造了考利楼。1796年约翰·西布索普去世后，植物园中的东部温室被改建为植物标本馆。当查尔斯·道本尼接任教授职务时，这个空间需要被用于其他目的，于是植物标本馆被迁走了。

▶ 与牛津大学标本馆标本相关的豆科干果

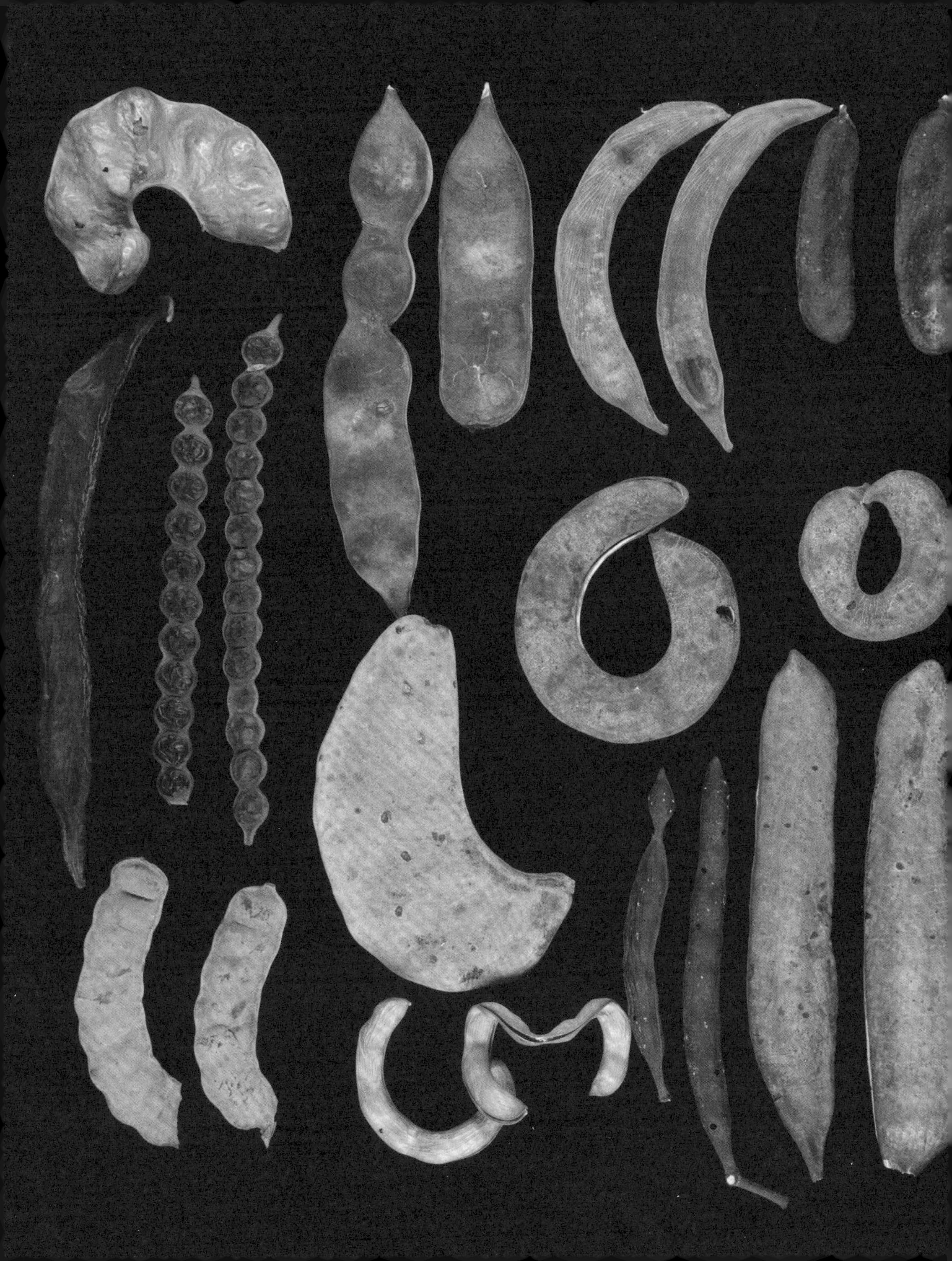

道本尼创建了一个“种子与植物标本馆”，它背靠着一个建在彻维尔（Cherwell）河岸上的植物园棚子。随着菲尔丁的植物标本馆的到来，大学的植物标本馆藏品在改造后的西部温室的两层楼获得了一个新家。楼层之间的梯子显然已经“摇摇欲坠”，以至于维多利亚时代著名的植物学家威廉·纽伯德（William Newbould）牧师说，如果不是“摇摇欲坠”梯子让他神经紧张，牛津本应是他的居住地。[35]1885年，就在植物学系正式成立之前，植物标本馆又被搬进了道本尼在丹比门东侧修造的房子里。直到1951年，这批藏品最终被转移到公园南路的一幢新大楼中。

公园南路为植物标本馆的标本提供了专门建造的地方。一个房间用来存放植物学系和德鲁斯个人的藏品，另一个房间用来存放林业藏品。在它们的新家里，随着标本开始以18世纪早期以来从未见过的方式用于研究和教学，以及第一任谢拉丹植物学教授约翰·迪勒尼乌斯的工作，林业收藏继续快速增长。然而，每一个藏品仍然是由不同的馆长保管的，因此有着不同的政策和做法。例如，不同收藏中的标本被安放在不同尺寸的纸上。1971年，在热带植物学家弗兰克·怀特（Frank White）的主持下，林业系和植物学系的植物标本馆合并。最后，这所大学只有一个植物标本馆，尽管它分布在公园南路植物学系的两层楼里。在20世纪90年代，合并后的馆藏开始被称为牛津大学植物标本馆。

图书馆

图书馆是大多数植物科学家所熟悉的藏品场所，尽管今天它通常是通过远程访问虚拟文档，而不是作为包含实体对象的空间。直到17世纪，书籍主要是富人和学者的战利品和工具。随着个人对园艺越来越感兴趣，大众变得越来越富有，受教育程度越来越高，人们希望在自己的植物园里展示植物，并了解有关植物和如何种植植物的信息。到了18世纪，出版业得益于在室内设有图书馆的流行趋势和藏书的需要，它迎来一个书籍大量出版的时期，尽管并不总是清楚这些书籍是针对谁出版的。[36]

大学的植物学书籍和手稿收藏部分是通过购买获得的，但最重要的是通过捐赠者的慷慨捐赠，他们将个人图书馆和档案赠送给了大学。这些人包括博巴特夫妇和威廉·谢

▲ 威廉·谢拉丹个人图书馆里的大量书籍，这是牛津大学1750年前植物收藏的核心部分

拉丹；谢拉丹植物学教授，如约翰·迪勒尼乌斯、约翰·西布索普、查尔斯·道本尼、马尔马杜克·劳森（Marmaduke Lawson）和西德尼·瓦因斯；还有植物标本馆馆长约瑟夫·伯特·戴维和乔治·克拉里奇·德鲁斯。图书馆藏品是把其他植物藏品粘在一起的黏合剂。收藏品之间的相互联系使我们不仅能够理解单个对象，而且能够理解它们是如何以及为什么进入收藏品行列的。

约翰·西布索普于18世纪80年代中期在维也纳获得的《植物图鉴》（*Plantarum Dioscoridis Icones*）的校样副本。现存最早的迪奥斯科里季斯的《药物论》的副本是一本插图精美的《文多波尼斯法典》（公元前512年），它是为拜占庭的贵妇安妮西亚·朱丽安娜（Anicia Juliana）制作的，到1570年成为维也纳帝国图书馆的一部分。在18世纪晚期，有一个雄心勃勃的项目要复制这本手稿中的所有插图。虽然这个项目从未完成，但《植物图鉴》是仅有的两个校样之一。18世纪80年代后期，西布索普将其作为他在地中海东部探险的野外指南，[37]并将其纳入了西布索普个人图书馆。书中包含的名称对于解释西布索普从探险中带回的材料非常重要，这些材料最终在世界上最稀有的植物学书籍之一《希腊植物志》（1806—1840）中出版。作为1 500多年来植物研究的最高权威，《药物论》在20世纪30年代仍被用作希腊的野外指南。[38]

牛津林业研究所在 20 世纪以各种形式创建的林业图书馆，到20世纪晚期已成为无与伦比的收藏地。除了林业书籍和期刊之外，还有大量所谓灰色文献——没有以传统方式出版的材料，这些文献很少被图书馆或创建它们的组织保存。图书馆的这一部分包括研究报告、工作文件、会议记录以及政府部门、学术界、工商界编写的报告。这类文献以前一直受到学术界的怀疑，但现在已成为调查与环境变化相关的长期问题的丰富资源。[39]

木材标本

植物标本馆是一种广义的植物收藏，包括保存下来的具有代表性的部分，以供将来研究。相比之下，牛津木材标本馆只包含一种材料——木材，因此是高度专业化的收藏。与植物标本馆一样，木材标本馆是国际木材收藏网络中的一个节点。

牛津木材标本馆于1924年成立，是由美国木材技术专家卡尔·切斯威尔·福塞克（Carl Cheswell Forsaith）在皇家林业研究所的基础上建立的，而他本人是从纽约州雪城大学借调过来的。牛津木材标本馆添加的第一个标本是一块欧洲椴木（欧洲椴）木材，由该大学后来成为农业系的农村经济学院捐赠。最古老的标本是来自剑桥大学的礼物，19世纪早期的一块巴旦杏（*Prunus dulcis*）木，来自查尔斯·达尔文的祖父伊拉

▶ 第一任谢拉丹植物学教授约翰·迪勒尼乌斯的油画肖像。由19世纪一位不知名艺术家创作的复制品

▲ 20世纪20年代，为林业研究收藏而建立的木材标本馆中的木材样本

斯谟·达尔文（Erasmus Darwin）的植物园。今天，收集的内容约有24 000个手大小的样本，约占世界树种的五分之一，来自近200个国家。正如人们所料，这些藏品最初是皇家的研究工具，因此大多数样本来自前英国殖民地。木材标本馆也偏向于具有经济价值的木材。

随着福塞克回到美国，木材解剖学家伦纳德·乔克（Leonard Chalk）承担起了收藏的责任。在乔克的指导下，木材标本馆开始迅速发展，并因其研究质量而赢得国际声誉。木材与世界各地其他木制品交换。标本由大英帝国的林业官员和木材公司捐赠，样本由牛津大学的研究人员通过实地调查收集。乔克的兴趣是研究木材结构，以及利用解剖特征进行木材鉴定。[40]为了进行这样的研究，他需要了解物种内部和物种之间的木材性状是如何变化的，这只能在大量不同的木材收集中进行。20世纪30年代，乔克和皇家林业研究所的同事玛丽·玛格丽特·查塔威（Mary Margaret Chattaway）、耶鲁大学林业学院的塞缪尔·理查德（Samuel Record）以及英国里斯伯勒王子（Princes Risborough）森林产品研究实验室的伯纳德·伦德尔（Bernard Rendle）为木材解剖研究奠定了基础。[41]

当乔克在1963年退休时，近60%的藏品已经被收购，这证明他的努力卓有成效。这些样本中有一半以上和安装在显微镜载玻片上的薄片有关，这些薄片是研究解剖特征所必需的。在20世纪60年代，木制品研究的重点转向木材的力学特性以及这些特性与木材解剖的关系。[42]到了20世纪70年代中期，当森林遗传学家杰弗里·伯雷（Jeffery Burley）负责收集这些材料时，人们对主要用于解剖木材研究的木材标本馆的兴趣正在全球范围内下降。

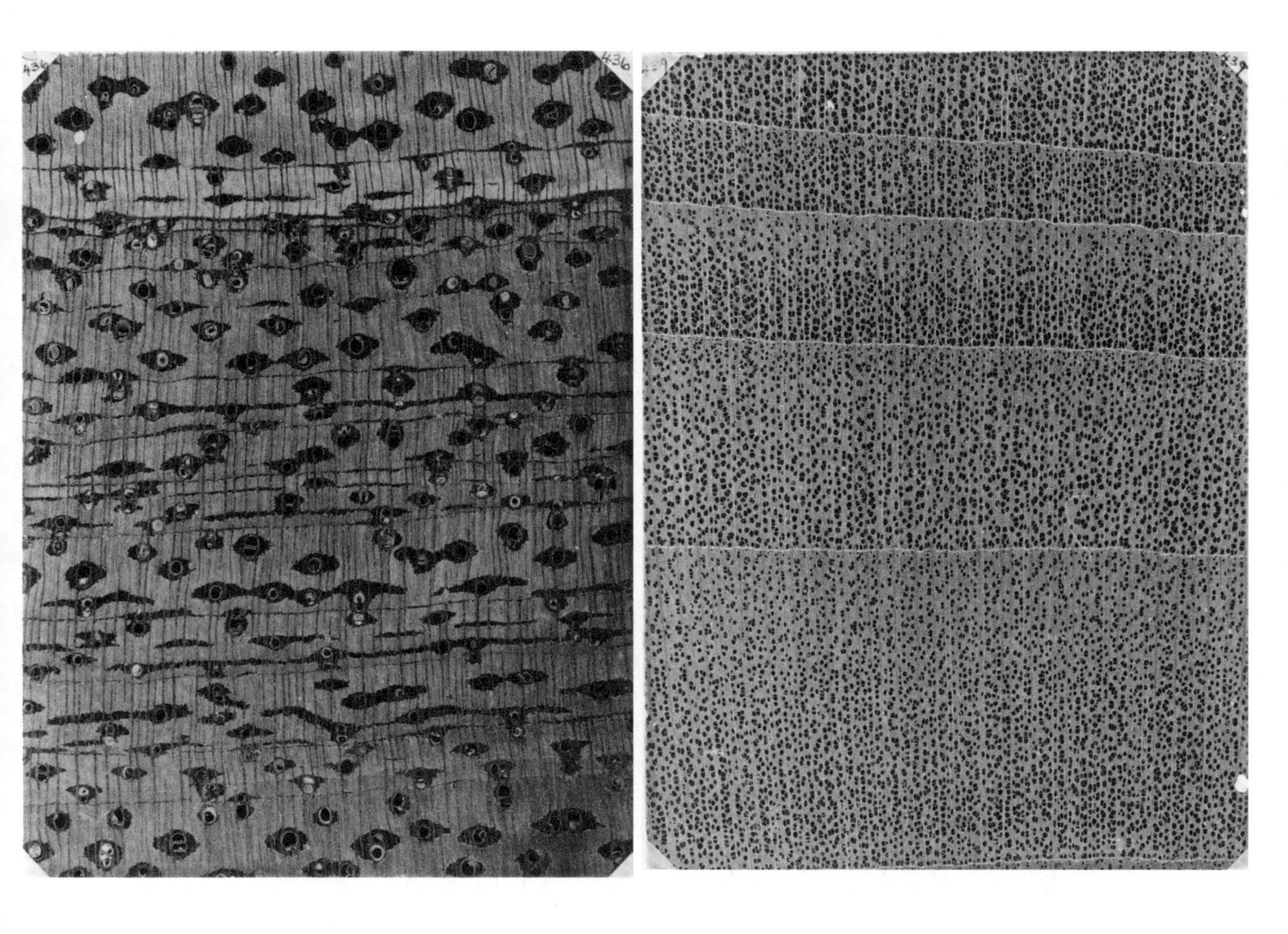

▲ 伦纳德·乔克在20世纪30年代研究木材结构时使用的木块横截面图像（放大15倍）：左为锦叶缅茄（*Afzelia quanzensis*），右为北美鹅掌楸（*Liriodendron tulipifera*）

试验田

道本尼和巴克斯特意识到，为了在大学内发展植物学研究，需要有设施来种植短期的实验用的植物。1834年，道本尼在接管了这座植物园几个月后，就在它的东墙外修建了一座实验植物园。[43]在这里，他对大麦、荞麦和萝卜进行了农业试验。到了1850年，实验植物园被证明太小了，并且道本尼对这个地方有了新的规划——一座睡莲屋（见前文）。结果，1852年，他在牛津的伊夫利路（Iffley Road）附近买了一块土地作为“试验田”，并将其赠送给牛津大学。

20世纪早期，植物学系的植物园增加了屋顶式的温室。当植物学系搬到公园南路时，屋顶也被用作实验温室。位于牛津西北约5千米处的威瑟姆（Wytham）研究站也是如此。这些设施提供了对实验环境的控制，但不能使大量植物在自然环境中生长。牛津大学从未拥有剑桥大学或赫特福德郡罗瑟斯特德实验站（Rothamsted）所拥有的试验田的数量或质量。罗瑟斯特德实验站由农业化学家约翰·贝内特·劳斯（John Bennet Lawes）于1843年创建。

20世纪60年代，西里尔·达林顿（Cyril Darlington）在担任谢拉丹植物学教授时认识到了这些设施的重要性。达林顿在大学公园边缘，靠近植物学系的地方，建立了一个名为“遗传花园”（Genetic Garden）的实验基地，重点是种植用于遗传实验的植物，特别是种间杂交植物、杂色植物、驯化作物和染色体数目可变的植物。此外，达林顿对树木园的支持还与他看到将该场地用作试验田的机会有关，而这正是牛津大学植物学研究所缺乏的机会。然而，随着达林顿的变动情况发生了变化：遗传花园被放弃了，而树木园还有其他“优先事项”。

20世纪70年代早期，牛津大学提出了另一种创建生态研究试验田的方法。林业系讲师亨利·科尔伊尔·道金斯（Henry Colyear Dawkins）根据他在殖民地林业方面的经验，在威瑟姆森林系统地布置了永久性的样地。[44]这个想法是将天然木材作为一个活的收藏，以便调查木材组成和生长的长期变化。近50年来，这些地块的数据被记录下来，为森林景观的变化提供了详细的见解。[45]

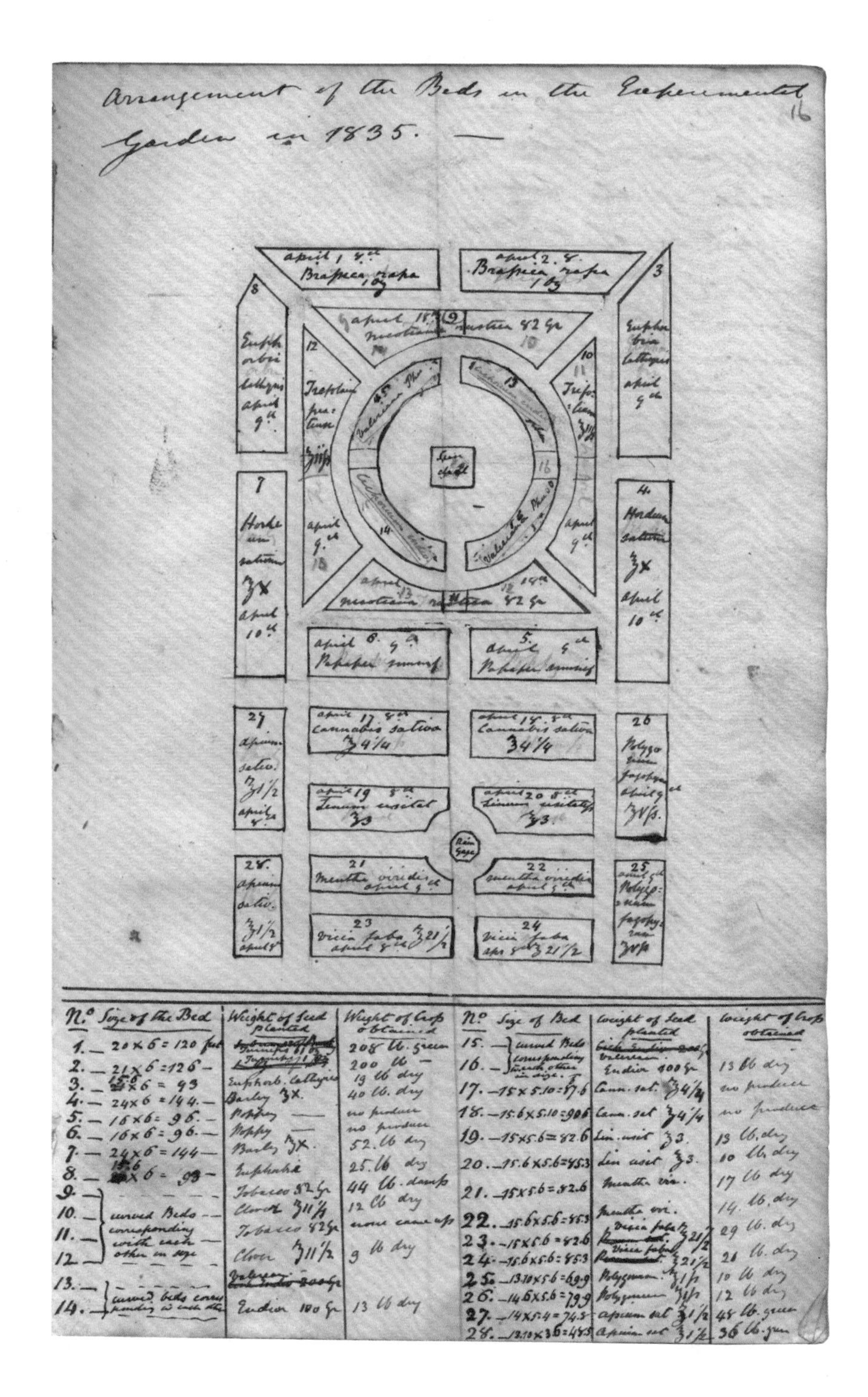

▶ 查尔斯·道本尼1835年在植物园创作的实验园布局草图。后在19世纪50年代早期建造温室时丢失

◀ 斯莱登于1953年在威瑟姆森林采集的英国稀有植物四叶重楼（*Paris quadrifolia*）的标本

威廉·谢拉丹（1659—1728）[46]，他是皇家学会会员，也是18世纪早期欧洲植物学的奠基人之一。瑞典植物学家兼“植物分类学之父”卡尔·林奈称他为“大植物学家”。对林奈的学生弗雷德里克·哈塞尔克维斯特（Fredrik Hasselqvist）来说，他是“植物学界的王者”；而对约克郡博物学家理查德·理查森（Richard Richardson）的书信编辑来说，他是“那个时代的约瑟夫·班克斯（Joseph Banks）爵士”。[47]谢拉丹在18世纪早期的欧洲植物学中具有重要的作用：一方面，他发现和培养了植物学人才，同时保障学术交流的畅通；另一方面，他是世界上最大的前林奈植物标本馆的建造者之一。

威廉·谢拉丹出生在布什比（Bushby），是莱斯特郡一位地主的长子。1677年，他在牛津大学圣约翰学院获得奖学金，在那里他攻读法律并于1683年毕业。作为一名学生，谢拉丹开始与小雅各布·博巴特建立友谊，这种友谊一直延续到博巴特生命的终结。博巴特在发展谢拉丹的植物学兴趣方面发挥了重要作用。在巴黎的约瑟夫·皮顿·德·图尔内福（Joseph Pitton de Tournefort）和莱顿的保罗·赫尔曼（Paul Hermann）及赫尔曼·博哈夫（Herman Boerhave）的指导下，谢拉丹的这种兴趣在17世纪后期得到了进一步发展。

回到英国后，谢拉丹成了各种贵族和地主的旅伴或导师。1703年，他被任命为黎凡特公司（Levant Company）在士麦那（现为土耳其伊兹米尔）的领事。这是一个声望很高、报酬丰厚的职位。14年后，他作为一个有钱人回到了英国。

在他生命的最后几年，谢拉丹住在伦敦，并全神贯注于他的《纵览》的制作中，他希望创建一个世界植物名称的目录。然而，他继续去欧洲大陆旅行，培养关系，获得、维持友谊，并扩充他的植物标本馆。谢拉丹被埋葬在他的弟弟詹姆斯·谢拉丹的家乡艾尔坦。林奈以威廉·谢拉丹的名字命名欧亚植物属雪亚迪草（*Sherardia*）。

b
a
1
2
3
Sherárdia arvensis Blue
C. Mathews. Del. & Sc.
Pub.d by W. Baxter Botanic Garden Oxf

244

Sherardia ⊙

1837

◀ 田野茜草（*Sheradia arvensis*），为纪念威廉·谢拉丹而命名。出自威廉·巴克斯特的《英国植物学》（1839）中的手绘彩色版画

查尔斯·吉尔斯·布里德尔·道本尼（1795—1867）[48]，他是皇家学会会员，格洛斯特郡出生的化学家、地质学家和植物学家，1810年获得牛津大学马格达伦学院奖学金。除了在爱丁堡短暂学习医学外，道本尼的余生都留在了马格达伦。

1822年，道本尼成为奥尔德里希（Aldrichian）化学系主任，他的研究重点是火山作用的化学理论。1834年，他被选为第五任谢拉丹植物学教授，1840年，他被选为第一任西布索普农村经济学教授。道本尼利用他担任的一系列学术教授的身份来研究化学、地质学和植物学之间的联系。就像两代人之前对植物学所做的那样，道本尼努力打破长期以来认为化学是医学的“侍女”的观念。在大学内部，道本尼是教育改革的倡导者。然而，尽管他支持教学，但至少有一名学生报告说，道本尼不愿意“屈尊从事基础教学”。[49]

德国化学家加斯图斯·冯·莱比希（Justus von Leibig）因其对植物营养的研究将道本尼描述为“农业科学原理的热心传播者”。[50]道本尼主要凭借自费改造了植物园，19世纪中期，他在植物生理学和真菌生物学方面的工作使这个植物园成为一个受人尊敬的教学场所和进行植物学研究的场所。他对新思想持开放态度，通过旅行、实地考察和通信网络，他将目光投向了牛津以外的地方。约翰·林德利（John Lindley）用南非的金镜花属（*Daubenya*）纪念了道本尼，因为他“对植物化学的有趣研究大大有助于我们对植物生理学的认识”。[51]

亨利·伯伦·菲尔丁（1805—1851）[52]，他是兰开夏郡一家印花公司的老板的独子。菲尔丁是一个因健康状况不佳而退休的人，他利用自己继承的巨额遗产来追求植物学兴趣。1836年，他开始从欧洲各地的收藏家那里购买整个植物标本。他通过赞助海外的植物学野外工作扩大了自己的活动范围，在那里为收藏者提供资金支持，以换取一些标本，并通过竞拍购买标本馆标本。15年后，菲尔丁拥有19世纪欧洲最好的私人植物标本馆之一。

菲尔丁和他的妻子玛丽认真对待管理工作，他们创建了一个以良好的保存质量、规范的标本顺序和覆盖范围广而闻名的植物收藏场所。随着藏品数量的增加，菲尔丁至少有一次搬家是出于对标本安全的担忧。1853年，玛丽将植物标本馆和菲尔丁图书馆的一部分捐赠给了牛津大学，并且提供足够的资金来聘请一名馆长。

菲尔丁开始为他收集的比较不寻常的标本做笔记，计划以“植物丛书”的方式出版这些笔记及妻子玛丽的插图。在英国皇家植物园主任威廉·杰克逊·胡克（William Jackson Hooker）的建议下，年轻的苏格兰植物学家兼热带探险家乔治·加德纳（George Gardner）在短暂任命下，帮助菲尔丁夫妇完成了他们的任务。加德纳打算对菲尔丁的收藏进行“更科学的管理”，并确定“许多标本的种类”。[53]不到一个月后，加德纳接受了胡克的邀请，成为锡兰佩拉登尼亚植物园的主任。我们可以理解菲尔丁对失去“加德纳先生的科学管理”感到恼火。[54]

“植物丛书”的出版成为两人之间的摩擦点。加德纳认为自己的贡献应该和菲尔丁享有同等的地位。二人一位共同的朋友出面进行调停，让愤怒的加德纳平静了下来。勉强达成的妥协是在标题页上加上“乔治·加德纳协助”。加德纳接受了这种处理方法，但认为菲尔丁是一个“严重缺乏道德操守的人”。[55]

▶ 木豆蔻（*Qualea gardneriana*）的植物标本。1839年，农场工人在巴西为苏格兰外科医生乔治·加德纳收集

乔治·克拉里奇·德鲁斯（1850—1932）[56]，他是皇家学会会员，北安普敦郡一名女管家的私生子，作为一位化学家和牛津当地的政治家，他通过贸易和精明的投资致富。作为一个在植物学上自学成才的人，他于1895年被任命为大学植物标本馆的名誉馆长，并在余生中给予这些藏品几十年来所缺乏的关注。然而，他未能于1885年获得谢拉丹植物学教授的职位。

在20世纪前30年，德鲁斯是英国著名的野外植物学家、英国植物界的权威和促进英国植物研究的植物学交流俱乐部的“皇帝”。[57]他周游世界，收集广泛。他是一位多产的植物学作家，他的作品包括英国四个郡的完整植物群，以及对罗伯特·莫里森和约翰·迪勒尼乌斯科学收藏的详细描述。德鲁斯是公共教育的倡导者，并于20世纪早期在牛津郡创建图书馆服务（和牛津污水处理系统）时发挥了重要作用，他还在家乡和移居的地方建立了自然历史学会。

德鲁斯是一个性格复杂的人物，毁誉参半。对于一个有他那样社会背景的人来说，像他那样闯入英国贵族阶层、学术界和学术团体是很不寻常的。德鲁斯将他数量庞大的植物标本和大部分财产遗赠给了牛津大学。他相信自己已经提供了必要的资源来管理他的收藏，甚至创建了一个植物学研究所。

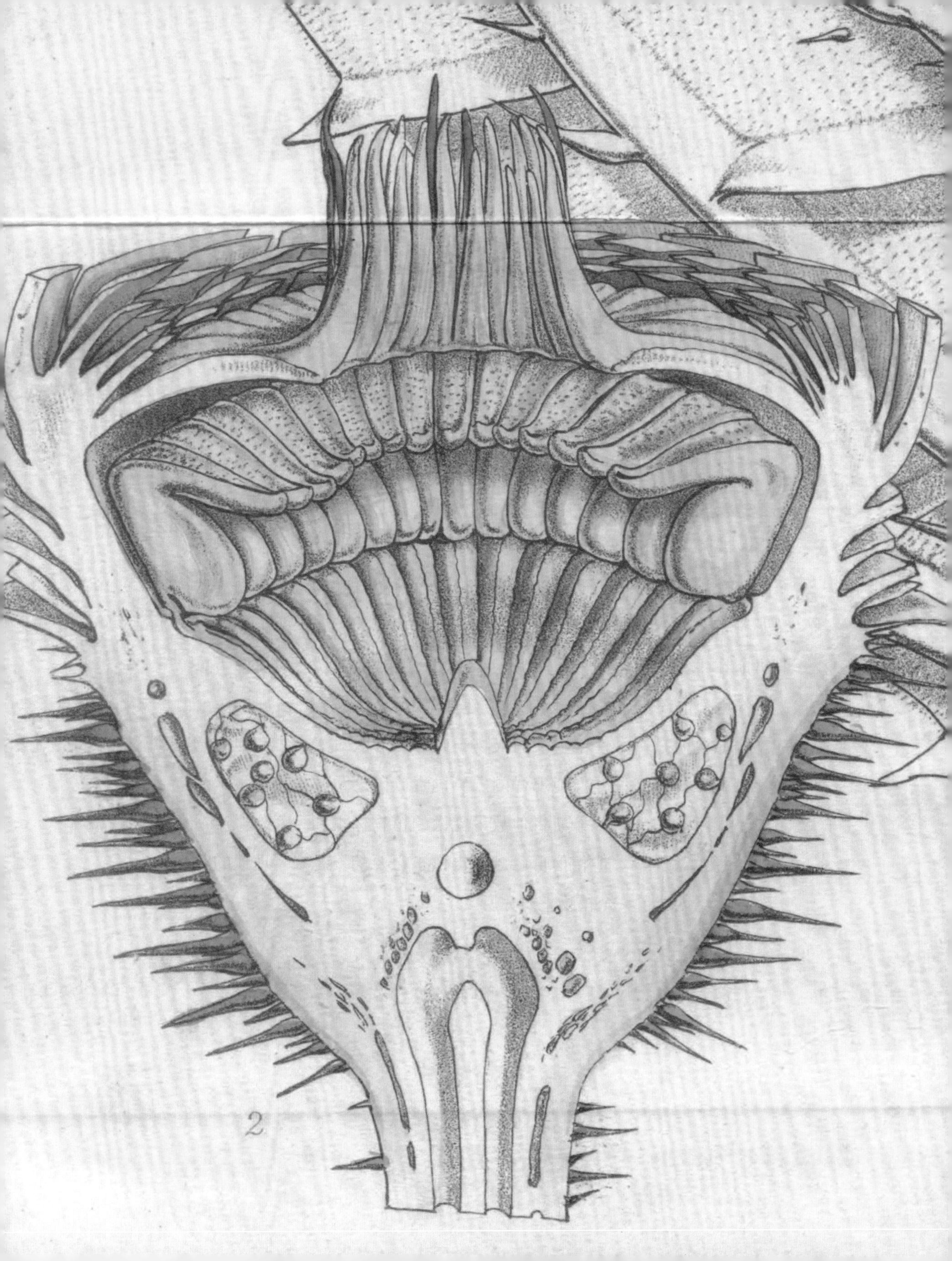
2

3 叶

收藏家与收集

在过去的四个世纪里，成千上万的人收集了数以百万计的植物样本，以增进牛津大学的植物生物学知识。这些样本大多是暂时性的：从植物园或田间采集，一旦收集到特定的数据就会被丢弃。只有一小部分样本被保存为植物标本和种子，或作为插图和照片。本章的重点是那些对保存牛津大学植物学藏品做出贡献的收藏家，而不是与植物科学研究相关的临时物品的收藏人。

收藏家的作用不应被低估。他们在现场实地做出的决定将决定样本的质量和与之相关的数据。收藏是科学事业中最早的阶段，收藏家的决策和专业精神对其工作的所有后续用途都有影响。

植物探索是一项有意外收获的活动，涉及在特定时间和特定地点引起人们注意的植物。[1]为大学收藏做出贡献的收藏家的动机是多方面的。对一些人来说，植物仅仅是另一种冒险的战利品，或是个人成名的一种手段；对另一些人来说，他们的动机是想知道或回答特定的问题，或者可能是受到某个想法的启发。探险的资金来自个人财富、慈善家的捐赠、大学或政府的慷慨解囊。收藏家们作为临时探险队或委托企业的成员进行个人旅行。对于一些收藏家来说，他们获得的奖励是生前或死后得到少数人的认可，但大多数收藏家只是为他人的研究贡献了一些数据点的脚注。

◀ 维多利亚睡莲的花蕾、花和叶部分的手绘彩色平版版画（详见第67页）

◀ 植物标本馆的维多利亚睡莲标本。约瑟夫·帕克斯顿（Joseph Paxton）于1850年在查茨沃斯庄园栽培，并赠予亨利·菲尔丁

► 西澳大利亚州的州花。斯图尔特沙漠豌豆（*Swainsonia formosa*）的植物标本馆标本，由英国私掠者威廉·丹皮尔（William Dampier）于1699年8月在西澳大利亚收集

维多利亚睡莲

19世纪10年代后期，法国植物学家艾美・邦普兰（Aimé Bonpland）在阿根廷科伦特斯附近的一条小河上发现了漂浮的维多利亚睡莲，而他曾在1799年至1804年间的拉丁美洲探险中与亚历山大・冯・洪堡（Alexander von Humboldt）当过同伴。[2]他“为了保护标本，差一点从独木舟上跳到河里去”，而且显然，“在整整一个月里，他几乎不能谈论其他事情”。[3]1845年，当英国植物收藏家托马斯・布里奇斯（Thomas Bridges）收获了睡莲的种子，并最终将其装在一个黏土球里运回英国时，他说：“我本想跳入湖中去采集这些美丽的花朵和叶子的标本，但我知道水里有很多鳄鱼，所以我不敢这么做。”[4]

每一片漂浮的碟状叶子，直径可达两米，由一排突出的、被刺覆盖的叶脉支撑着。布里奇斯发现湖面上长满了这些巨大的叶子，它们与露出水面的花蕾争夺空间，这些花蕾大约有一个孩子的头那么大。这些植物的大小给他的收集带来了挑战：一次只能将两片叶子放入他的独木舟中，因此需要多次旅行才能获得他欧洲植物收集所需的所有标本，包括叶子、花朵和果实。布里奇斯巧妙地解决了在陆地上运输“战利品”的问题，他“将战利品挂在长杆上，用细绳绑在叶子和花朵的茎上”，像那些扛着杆子的美洲印第安人，他“一直在想，是什么让我如此费劲地去摘花”。[5]

从19世纪早期开始，人们就通过插图了解到了这些植物，但随着维多利亚睡莲种子传入英国，园艺在竞争中蓬勃发展。1849年，约瑟夫・帕克斯顿在德比郡查茨沃斯庄园（Chatsworth House，Derbyshire）的温室里，赢得了让睡莲开花的比赛。当向公众展示睡莲时，帕克斯顿将身着仙女服装的女儿放在睡莲的一片叶子上。[6]第二年，他为睡莲设计了一个简单的矩形温室，灵感来源于叶子上非同寻常的棱纹。该设计最终成为1851年万国博览会上水晶宫的基础。在牛津，查尔斯·道本尼被睡莲的魅力所折服，在植物园建造了一个水箱和温室来容纳睡莲。

随着野外探索的发展，维多利亚时代的几代博物学家观察了睡莲的生物学特性，特别是它的开花情况。英德探险家罗伯特·肖姆伯格（Robert Schomburgk）在花朵中发现了甲虫，而法国植物学家朱尔斯·普朗肯（Jules Planchon）则报告说，花朵内部的温度高于外面的温度。普朗肯被誉为19世纪将法国葡萄酒业从根瘤蚜虫中拯救出来的重要人物。布里奇斯观察到，每一个被刺覆盖的花蕾在晚上都会开出纯白色的花朵，到了早晨花朵就会变成玫瑰粉色，野生睡莲种群在许多不同的阶段都会开花。这些花也有一种浓郁的“菠萝，然后是甜瓜（*Cucumis*，黄瓜属），以及南美番荔枝（*Annona cherimola*，番荔枝）的香味”。[7]1975年，牛津大学植物学专业毕业生吉兰·普拉斯（Ghillean Prance）和他的巴西合作伙伴豪尔赫·阿里乌斯（Jorge Arius）确定了颜色变化、甲虫、温差和香味之间的关系，而普拉斯后来成了皇家植物园邱园的主任。[8]

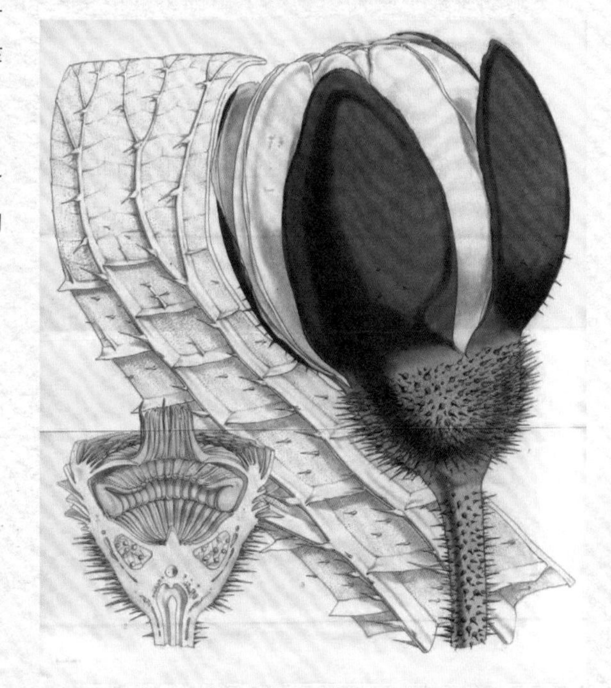

▶ 沃尔特·菲奇（Walter Fitch）绘制的维多利亚睡莲花蕾、花朵和叶子部分的手绘石版画。发表在柯蒂斯的《植物学杂志》（1847）上

实地技能

作为植物学文献的黄金标准，植物标本馆的标本是一个物种在特定时间和空间出现的物证。通过标本，植物学家避免了将白话名称的文献记录、各种各样的科学名称或模糊的图像翻译成跨越时间和文化的学名的问题。即使是糟糕的标本，也比试图用任意的技术语言解释训练不佳的观察者有限的描述要好，特别是当物种之间的差异很小的时候。高质量的标本制备是标本用于研究的必要条件，这显然是一个简单的过程，但需要注意细节："制作一个植物标本的方法有很多，但制作一个好植物标本的方法很少。"[9]

植物收藏家必须敬业且适应性强。指导手册提供了关于收集和保存技术的建议，以及关于一个国家或地区一般情况的探险记录和个人建议。然而，一旦他们进入野外环境，植物收藏家就需要独自行动，必须根据经验和他们发现的条件做出反应，调整他们的活动。最优秀的收藏家能够做到这一点，有时甚至可以维持很多年。

佛兰德解剖学家阿德里安·范·登·斯皮格尔（Adriaan van den Spiegel）在17世纪早期发表了制作植物标本馆标本的简要说明，建议将标本——花、叶和种子放在书页之间的纸张中。随着样品的干燥，每天都要对其进行检查，并逐渐在书本上施加重量，以使样品保持平整。[10]大约一个世纪后，约翰·伍德沃德（John Woodward）并未对这些说明进行根本性修改，但强调收集正确的材料至关重要：

> 至于植物……每种四个样品……就足够了。对于较大的植物，如乔木、灌木等，可以选择一根大约一英尺长的嫩枝，上面开着花，……针对较小的植物，如海草、草、苔藓、蕨类植物等，可以把整个植物，包括根和所有的东西都拿走。如果可能的话，选择处于最佳状态的植物样本，即花、顶部或种子；如果某种植物的下部叶或地面叶与上部叶不同，则取其中的两到三片，把它们和样本放在一起。[11]

▶ 白睡莲（*Nymphaea alba*）标本。1739年，约翰·迪勒尼乌斯的朋友，园丁彼得·柯林森（Peter Collinson）从汉普郡布罗肯赫斯特的水池中采集

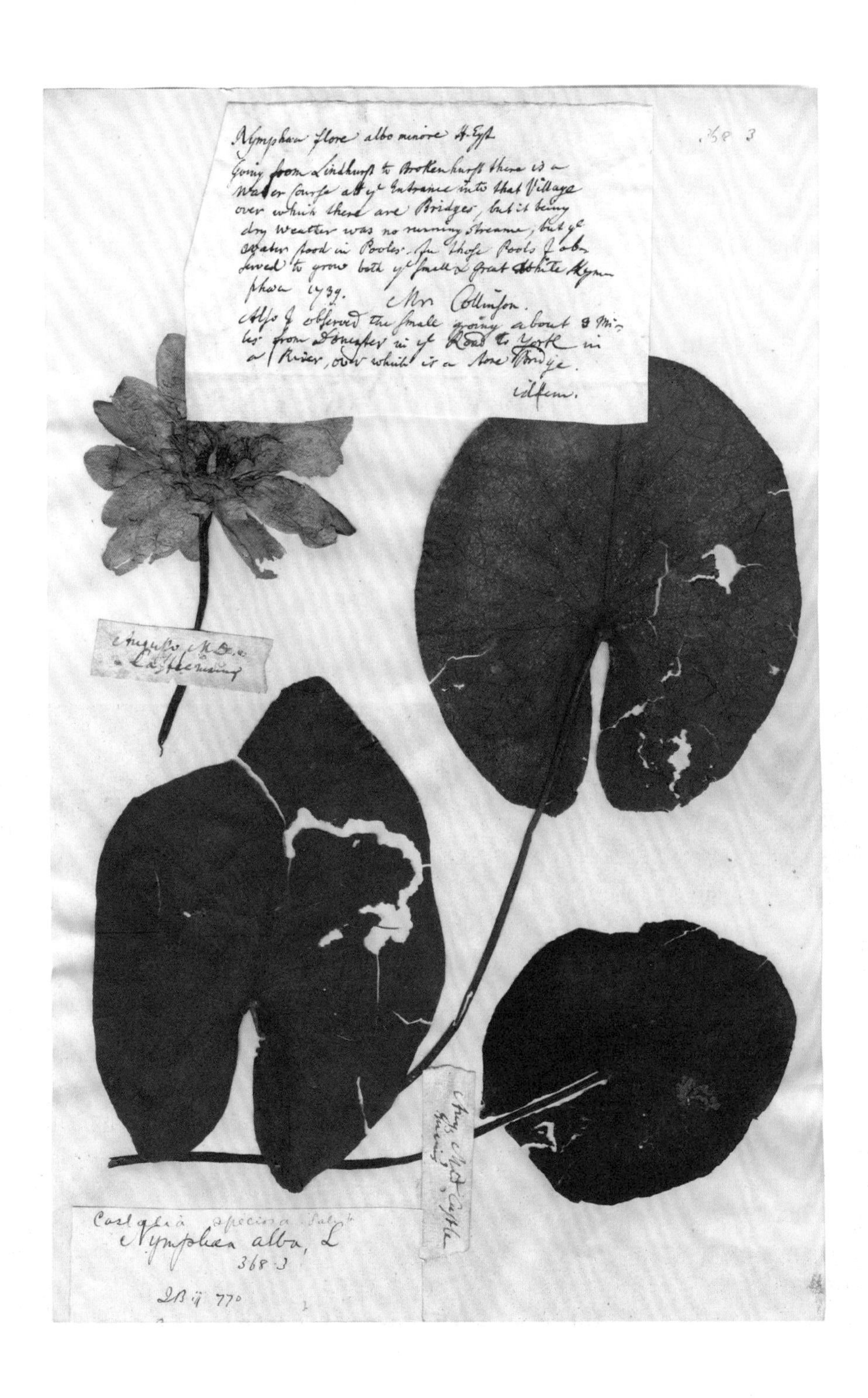
Going from Lindhurst to Brokenhurst there is a
Water Course at ye Entrance into that Village
over which there are Bridges, but it being
dry Weather was no running Streame, but ye
water stood in Pooles. In those Pools I ob-
served to grow both ye small & great White Nym-
phaea 1739. Mr Collinson.
Also I observed the small going about 8 Mi-
les from Doncaster in ye Road to York in
a River, over which is a Stone Bridge.
idem.
Nymphaea alba, L
368.3

这些是向牛津植物标本馆添加标本的植物收藏家所采用的方法。19世纪早期，基本原则保持不变，但收集植物的工具有所增加。[12]

1849年，时任邱园主任的威廉·杰克逊·胡克发布了“英国海军军官和普通旅客使用”的粗略指示，他确保这些指示简单实用：以“能迅速吸收水分、尽可能保持颜色”的方式按压，所施加的压力使其在干燥过程中不会卷曲。要做到这一点，就必须有充足的纸张，“具有适中的对开本尺寸和较好的吸水性”。[13]然后，将干燥的标本放在文件夹中进行保护，并装箱以便储存和运输。干燥吸水纸的任务是采集人员在现场制备样本时面临的众多繁重操作之一。这些机械的收集任务和保存自然历史物品的工作可以委托给“仆人之手”，尽管他们要在“空闲和闲暇时间”完成这些工作。[14]

在19世纪，锡盒开始被推荐用丁野外工作：

▼ 20世纪早期，乔治·克拉里奇·德鲁斯在英国采集植物时使用的维管柱、铅笔刀、手持透镜和地图。现藏牛津大学植物标本馆

> 如果采集后的标本不能被立刻保存下来，则应将其存放在锡盒中，这对于植物学家在旅行时确实是必不可少的；在盒子里面，它们将保持一天一夜不受损伤，如果盒子装满了，并且牢牢地关上了，那么可以防止植物水分蒸发。[15]

▲ 1722年从北美洲殖民地的卡罗莱纳州寄给威廉·谢拉丹的美洲莲（*Nelumbo lutea*）的压叶，附有荷花的野外素描

最初，锡盒是一种罕见的、“令人垂涎”的物品，并且像手持透镜一样，它不仅实用，还让严肃的植物学家与众不同。[16]

植物收藏家被鼓励收集相关的信息，甚至使用秘密手段收集“不被允许探索的国家”的植物，例如“好奇的旅行者可能会获得许多稀有的植物，如果他检查一下当地人从乡下带来的饲料”。[17]

如果在野外如此精心挑选、收集和保存的自然历史物品要作科学使用，就必须将它们安全地送回英国。长期在野外工作的收藏家会分批送标本回英国，以降低损失的风险，维持收入，并为收集更多标本创造空间。伍德沃德关心的是如何包装标本，以便“这些东西不会被海关官员和搜查人员弄破或弄乱”。[18]

在过去的四个世纪里，植物收藏家的野外装备已经发生了变化。印刷机、纸张、笔记本和口粮是收藏工作的常备元素，到19世纪早期，还增加了一个用于检查小物体的镜头。地图、指南针和时钟有助于收藏家确定他们的位置，而高度可以用水银气压管或煮沸的水来测量：所有这些测量现在都可以用全球定位系统（GPS）完成。从历史上看，收集工具有时还包括武器，并且利用上攀爬树木的巧妙方法。[19]

理查德·理查森

在牛津大学早期的收藏中，植物收藏家不需要冒险到英国以外的地方去提高他们对植物生物学的了解。1658年至1662年间，住在剑桥郡（Cambridgeshire）的英国博物学家约翰·雷（John Ray）深入北威尔士、皮克区、威尔士边境、坎布里亚、约克郡、林肯郡和苏格兰，进行了一系列的采集考察活动。雷的探索揭示了英国植物的多样性和分布情况，并鼓励其他植物学家扩大了解范围。[20]

其中一位是富有的约克郡人理查德·理查森。理查森于1681年考入牛津大学，几个月后他就在17世纪欧洲植物学中心之一的莱顿继续他的医学教育。[21]到1690年，刚受过训练的理查森回到了约克郡，他对自然史产生了浓厚的兴趣，尤其是对苔藓和地衣等被忽视的植物。

在接下来的50年里，理查森建立了一个自然历史图书馆，支持18世纪早期博物学家的工作，并在英格兰、威尔士和苏格兰一边周游，一边收集植物。[22]到了18世纪晚期，他基本上还是个默默无闻的人，因为他很少发表文章，他也已经决定不让自己的名字出现在出版物上。[23]不过，理查森的影响力依旧可以在他的交际网络中找到。他在牛津的人脉包括小雅各布·博巴特、爱德华·勒怀德、威廉·谢拉丹和约翰·迪勒尼乌斯。

17世纪90年代后期，勒怀德探索北威尔士的自然历史，同时收集活的植物和植物标本，他和其他人一起将这些标本送回给牛津的博巴特，作为其中的一员，理查森在1700年加入了勒怀德的威尔士山区的旅程。25年后，当迪勒尼乌斯访问该地区时，理查森对他艰苦的生活条件表示同情：“你在阿勒豪斯的住宿一定非常令人难堪，因为我敢肯定，那里只有本地人，你既不能吃到肉，也不能喝到酒，也没有合适的住处。”[24]理查森没有理会迪勒尼乌斯直白的暗示：

> 如果一些富有的植物学家，没有家庭和孩子，愿意在那里盖一座房子，并买一些土地，这可能是用一点钱就能办到的，那么邀请植物学家去参观这些奇怪的地方将是一件非常亲切的事。[25]

理查森送给博巴特、谢拉丹和迪勒尼乌斯的许多标本的行为，在他们所处时期并不常见。标本附有详细的地点，通常还有生态信息。例如，一种硬毛南芥（*Arabis hirsuta*）标本上有理查森独特的手写标签：“在克雷文的马尔哈和塞特尔附近的岩石上，卡尔顿庄园的墙壁上堆满了很多东西，特别是在院墙上。卡尔顿距离克雷文的斯基普顿有六英里。”[26]当其他收藏家的标本在他的视野内传播时，他给这些标本添加了自己的评论。例如，一种灰白葶苈（*Draba incana*）的标本上有这样的评论：

> 勒怀德先生从未见过这种植物开花，我也没有在它的原产地见过它开花，因为它非常罕见。他在山上发现了这种植物。我见到的植物生长在花园中潮湿的岩石上，它开满了花，结下了大量的种子，所以……这在这里很常见。[27]

通过他自己的野外收藏以及与其他博物学家和园艺家的交流，理查森位于北约克郡比利大厅的植物园被誉为英格兰北部最好的植物园。[28]理查森一直期望为植物园增添新的价值，例如在植物园中观察在不同地方看起来不同的同一物种在一起生长时是否保留了这些差异。[29]

理查森的植物标本散布在牛津的植物标本馆和伦敦的自然历史博物馆，为后人调查植物分布提供了数据。他的大量书信让后人深入了解了18世纪英国植物学的实践发展以及牛津植物学家的观点，否则这些观点可能会丢失。在1736年8月25日一封信的附言中，迪勒尼乌斯告诉理查森：

> 北方出现了一位新的植物学家，他是一种叫作“雄蕊和雌蕊”的新方法的创始人，他的名字叫林奈……他是瑞典人，曾游历过拉波尼亚，对植物学有透彻的见解和丰富的知识，但恐怕他的方法行不通。他来到这里，在这里住了大约八天。[30]

迪勒尼乌斯向理查森表达了他对自己可能无法在牛津获得职位的担忧，并抱怨詹姆斯·谢拉丹在他的恩人威廉·谢拉丹去世后的行为。理查森的书信中还透露，他是勒怀德的密友，威廉·谢拉丹也对大学对待小雅各布·博巴特晚年的方式表达了自己的担忧。[31]

托马斯·肖在北非

托马斯·肖（Thomas Shaw）是一位富裕的威斯特摩兰纺织工人的儿子。1720年，他在牛津大学女王学院完成了神学培训后，来到阿尔及尔，在一家名为“英国工厂”的贸易公司担任牧师。肖强健的体格和“丰富的学识”，[32]加上他在阿尔及尔轻松的工作，使他成为北非和地中海东部一位受人尊敬的探险家。他的大部分探险活动发生在英国人称之为巴巴拉（阿尔及利亚、摩洛哥和利比亚）的内陆地区，并涉足突尼斯、埃及、西奈半岛和圣地。1733年回到英国后，他于1734年当选皇家学会成员，并于1740年担任圣埃德蒙学院的校长。

尽管肖收集了600多种植物，其中140种他认为是新物种，但他几乎没有说明标本是如何或在何处收集的。[33]他的《巴巴

▶ 与约翰·迪勒尼乌斯的《苔藓志》（*Historia Muscorum*）（1741）有关的地衣标本，镶嵌着18世纪墙纸的独特边框

The rest Pannaria rubiginosa (Ach.) Bory
determ. PER M. JØRGENSEN 1973
Lectotype of Lichen (Parmeliella) plumbeus Lightf.
determ. PER M. JØRGENSEN 1973
LXVIII
73. Lichenoides tenue & molle, Agarici facie. The XXIV. thin and ſoft Agaric-like Lichenoides.
74. Lichenoides cartilagineum, ſcutellis fulvis pla- XXIV.
Parmelia
b = syntype of P. centrifuga
det. Mason E. Hale, Jr., U. S. National Museum
1961
XXIV.
75. Lichenoi imbricatum viridans, ſcutellis badiis. The greeniſh Lichenoides, with Cheſnut
Lichenoides vulgare ſinuoſum, foliis & ſcutellis luteis Hiſt. Muſc. p. 180. n. 76.

拉、埃及和阿拉伯的一些稀有植物目录》是在“迪勒尼乌斯教授的大力协助下完成的，迪勒尼乌斯教授在植物学方面的特点是众所周知的”。[34]重要的是，肖把他的标本存放在大学的植物标本馆中。他明确认识到：（1）永久保存实物标本的重要性；（2）识别错误的可能性；（3）对他收集的植物有不同的解释。[35]尽管肖有先见之明，并且大家知道他的标本在牛津，但这些材料很少被使用。卡尔·林奈在他的《植物种志》（*Species plantarum*，1753）中引用了肖收集的一些物种；而法国植物学家勒内·德斯方丹（René Desfontaines）的《大西洋植物志》（*Flora Atlantica*，1798—1799）中出现的所有人名中，“肖”占40%。两位植物学家似乎都没有检查过肖的原始标本。

肖主要对地理、文物和当地习俗感兴趣，他将自己的探险描述为“一篇旨在恢复古代地理的文章，并将这些国家的自然史放在一个恰当的位置上”。出版物的序言充满了对乔治二世和卡罗琳女王的感激之情。了解关于旅行者“起居饮食”的故事及其所经历的困难和危险会引起读者的兴趣，他在前言中重点阐述了这种“引发好奇心的问题”。肖的出版方式被称赞为“有教育意义和有趣的”，避免了“多余描述的乏味，相比之下，许多现代博物学家会给读者带来这种乏味沉重的感觉”。[36]

在巴巴拉和地中海东部的沿海城镇，肖受到了英国其他贸易公司的欢迎，他们表现出了“不一般的慷慨和友谊”。他从他们的马匹，他们的仆人以及可恶的奴役行为中获益，但没有对此发表评论。在内陆，肖意识到了强盗的危险，他留在了当地的社区，而不是让他的队伍以“有钱有势”的形象出现，对他来说，最好的保护办法就是“按照当地的习惯穿着打扮”。

▶凳秆芹属（*Magydaris pastinacea*）标本。托马斯·肖于17世纪20年代在北非采集

两代人之后，约翰·西布索普在地中海东部探险时也有类似的担忧，他甚至向学生们讲述了18世纪早期法国植物学家约瑟夫·皮

417 Myrrhis annua Lusitanica, ſemine villoſo, Paſtinacæ ſativæ folio I.R.H. 315. Panax Siculum &c. Bocc. Rar. 1.
BARBARY
Dr SHAW circa 1700

顿·德·图尔内福特的故事，“他满怀发现的热情，冒着最大的困难，在比利牛斯山上独自面对强盗的侮辱和虐待”。[37]

肖以各种各样的礼物来回报热情款待：一把小刀、一对燧石、少量英国火药，或者一根丝线、一根大针或是剪刀。他的旅行选择有时意味着他的小团队“无法保护我们免受白天的炎热或夜晚的寒冷，除非我们偶然遇到一片树林、岩石架子，或者幸运的是，有时遇到一个洞穴”。

总的来说，肖在北非旅行时受到的安全威胁最小。然而，在耶路撒冷，他经常察觉到强盗的存在。1722年，在拉玛（可能是现在的埃尔拉姆）和耶路撒冷之间旅行时，“四队土耳其士兵……没有能力或至少没有勇气保护我们免受阿拉伯人的反复侮辱和蹂躏”。除了来自他人、跳蚤、虱子和“蝎子、毒蛇或毒蜘蛛”的危险外，肖还害怕被拴在他周围的牲畜幼崽踩到。当被迫在夜间赶路时，他们听到“狮子咆哮着追逐猎物，美洲豹、鬣狗和其他各种贪婪的动物互相呼唤和回应”。

肖强调了探险活动中面临的物资匮乏的处境和危险的环境：

> 从开罗到西奈山，每一个夜晚，天空都是我们唯一的遮盖物；铺着地毯的沙子就是我们的床；还有一套换洗的衣服，捆成一个包当作我们的枕头。我们的骆驼（因为在这些沙漠里，马或骡子需要很多的水才能工作）在我们周围躺成一圈，它们背朝着我们，它们各自的负载和马鞍都放在它们的身后。在这种情况下，它们充当我们的守卫，它们是警惕的动物，醒来时发出的声音最小。

情况好的时候，动物们就吃大麦和一些豆子，或者其中一种粉做成的小球，而肖吃的是“小麦粉、饼干、蜂蜜、蛋油、醋、橄榄、扁豆、罐装肉，以及在两个月内可以保存的东西”。在困难时期，肖的团队为这些动物收集了“残茬、草、树枝”，然后把“一些以前剩下的食物残余”作为自己的食物。骆驼粪是他们做饭的燃料，它“像柴火一样能着火，燃烧起来像炭火一样明亮”。

马克·卡特斯比在美洲

18世纪的北美为自然历史学家提供了光明的财富前景。[38]汉斯·斯隆在17世纪80年代探索了牙买加，并与威廉·谢拉丹交换了标本。在18世纪10年代，理查森和谢拉丹派遣植物学家托马斯·莫尔（Thomas More）到新英格兰采集植物，但“他给科学带来的贡献微乎其微……这么少的回报显然是（他的）粗心大意造成的”。[39]这些人需要的是一位技术精湛、专心致志、可靠的收藏家。他们发现英国博物学家马克·卡特斯比（Mark Catesby）是合适的人选。

在探索北美南部殖民地的过程中，卡特斯比为赞助者收集了各种各样的物品。赞助者的愿望五花八门，却对他工作的环境知之甚少。如果他想要成功，他必须满足赞助者的期望，妥善保存动物和植物，收集活的植物，保护他的收藏品不受害虫、真菌和潮湿的影响，并记录他观察到的情况。[40]

在1722年至1726年的四年时间里，卡特斯比穿过卡罗莱纳州进入佐治亚州和佛罗里达州，最后到达巴哈马群岛。然而，在他收集的数百个现存植物标本中，大多数都缺乏我们在现代标本上所能看到的最少细节。卡特斯比很快意识到“要收集所有的东西是不可能的，除非经过多年的努力”，[41]即使他有在探索的地区长期生活的优势。他的收集方法是“永远不会在同一个季节两次出现在同一个地方”，[42]这一策略既是出于生物学的考虑，也是权宜之计，因为他的赞助者想要的是新奇的植物。在野外采集种子和植物标本是一项艰苦的工作，需要长途跋涉，有时还要在恶劣的天气下和恶劣的地形上进行。他经常面临迷路、遇到野生动物或遇到充满敌意的土著人等的危险：“我们五个人在布法罗狩猎时，碰巧遇到了印第安人，不过一切相安无事，因为他们大约60岁。”[43]

尽管采集了样品，但是工作还没有结束，因为样品还需要贴上标签、保存、包装和运输。此外，卡特斯比还在现场制作图纸。当他开始运送承诺的植物时，他的工作变得更加困难。随着越来越多的赞助者开始支持他，他不得不携带更多的行李，其中包括不同处理阶段的标本、晾晒植物的纸张、绘图工具，还有他自己的食物和衣服。

有些标本很难保存，即使对于像卡特斯比这样坚定的收藏家来说也是如此。例如，与寄给谢拉丹的美洲莲（*Nelumbo lutea*）叶子标本一起的是卡特斯比在野外制作的一幅草图，并附注："我无法保存这朵花，因此寄了这幅草图。"[44]

因此，难怪卡特斯比会充分利用当时他所能得到的任何资源，包括美洲印第安人的向导和搬运工，以及愿意帮忙的朋友和熟人。令人震惊的是，在向威廉·谢拉丹申请资金后，他甚至计划购买一名奴隶。[45]卡特斯比很快发现，获取赞助带来的负担是满足赞助者的竞争性需求。事实证明，查尔斯·杜波伊斯是很难被取悦的："杜波伊斯先生的不满，以及他给我的朋友们带来的麻烦，甚至使我宁愿不接受他的支持，我相信自己曾受到他的抱怨。"[46]

卡特斯比将数千份标本和活植物寄给了他的赞助者，这些标本有时被包装得非常巧妙。1726年，卡特斯比返回英国。他的标本分给了谢拉丹（Sherard）、斯隆（Sloane）和杜波伊斯，保存在牛津大学植物标本馆和伦敦自然历史博物馆。[47]斯隆植物标本馆的标本已被广泛用于研究。那些

◀ 1722年，马克·卡特斯比从北美洲殖民地的卡罗莱纳州（Carolina）向威廉·谢拉丹寄送了美洲莲的实地素描，并附有压叶和关于这种植物的身份和生态的说明

在谢拉丹和杜波伊斯植物标本馆中的标本一直被忽视，除了少数坚定的植物学家，如19世纪早期的德裔美国植物学家弗里德里希·特劳戈特·珀什（Friedrich Traugott Pursh），他很高兴在谢拉丹植物标本馆找到卡特斯比的标本。

约翰·西布索普和《希腊植物志》

约翰·西布索普是第三任谢拉丹植物学教授，他组织了可能是与牛津大学直接相关的最著名的植物学考察。[48]与马克·卡特斯比不同，西布索普可以完全自由地探索他所选择的地中海东部地区。独立的财富意味着他不需要满足那些反复无常的赞助者。西布索普还专注于植物学（在野外工作时），他的学术地位让他有时间自由地进行广泛的野外工作，接触到世界上最好的植物收藏，并对自己的能力充满信心。不过，很少有牛津植物收藏的贡献者有这样的机会。

在西布索普之前，地中海东部的植物学并不为人所知。泰奥弗拉斯托斯和迪奥斯科里季斯在这个地方创作了他们的经典著作。18世纪早期，法国王室资助了约瑟夫·皮顿·德·图尔内福率领的探险队；1761年，丹麦王室资助了卡斯滕·尼布尔（Carsten Niebuhr）率领的探险队。谢拉丹植物标本馆里有图尔内福标本的副本。

在为自己的旅程做准备的过程中，西布索普挑选了两个对他未来至关重要的人，如果没有他们，他很可能仍然是植物学上的一个无名之辈。这两个人分别是奥地利植物艺术家费迪南德·鲍尔和英国矿主约翰·霍金斯（John Hawkins）。西布索普明确表达了他进行这次探险的动机：

▶ 罕见的塞浦路斯捕虫堇属（*Pinguicula crystallina*）水彩画。基于费迪南德·鲍尔与约翰·西布索普在地中海东部旅行期间绘制的实地草图，于1788年至1792年在牛津完成

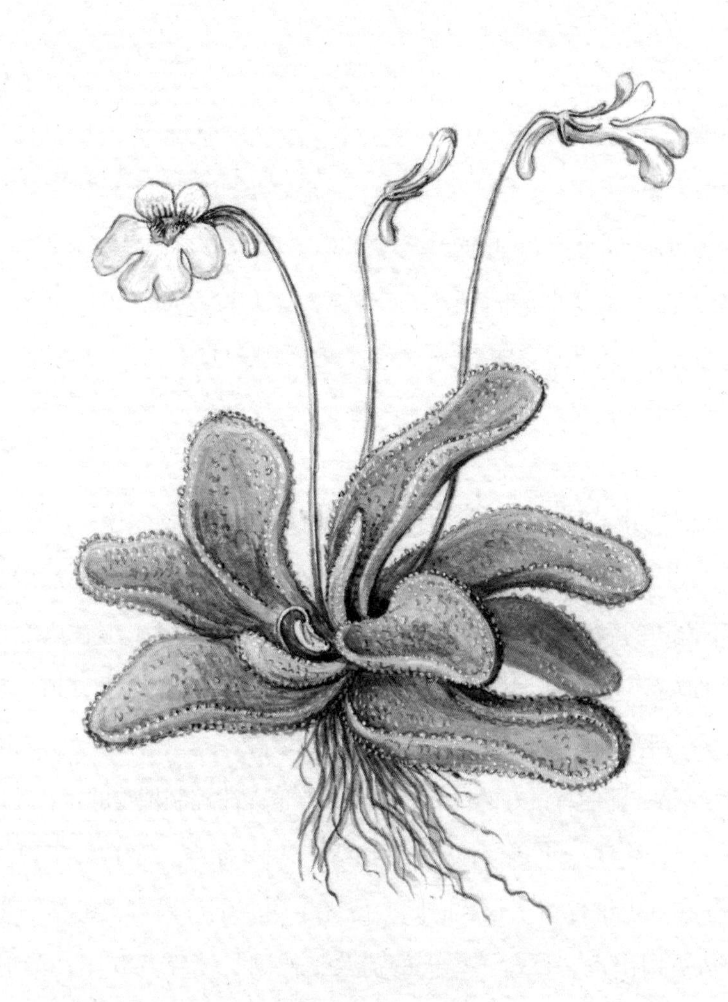

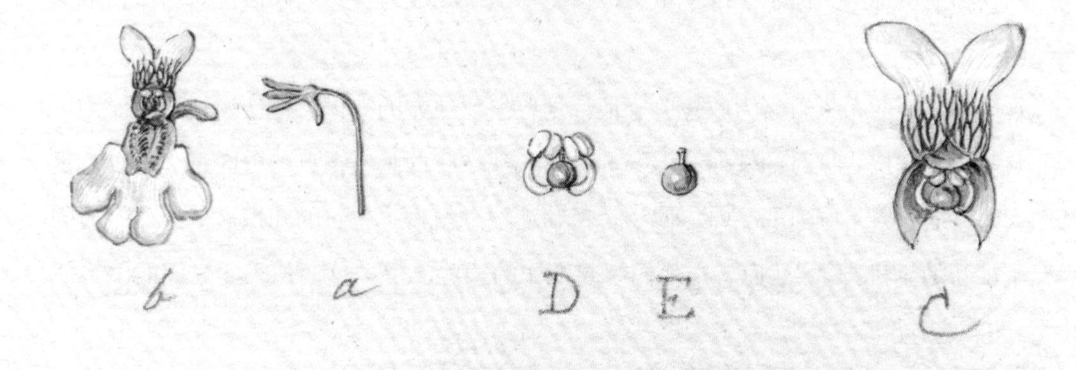
b
a
D
E
C

这是我旅程的一部分，在这一部分中，我对未来产生了最大的期望，因为这可能奠定未来的声誉，尽管这不会让我进入图尔内福的行列，但这会让我与哈塞尔奎斯特和布克斯鲍姆（Hasselquist & Buxbaum）并驾齐驱。对于这些国家的自然历史，如果没有被完全了解的话，还有许多内容有待发现。布克斯鲍姆（Buxbaum）的图没有被妥善处理，以至于无法辨认。我的画师表现得足够优秀，从而使我的作品免于遭受类似的命运，这将使我有资格在彼得堡或我们的学院中占有一席之地。[49]

制定计划似乎并不是西布索普的强项。鲍尔向霍金斯抱怨说："我认为西布索普会跟以前一样去旅行，也就是说，在最后一天之前永远不会做出决定，然后一下子就匆忙决定，这是最不愉快的做法。"[50]尽管西布索普的计划非常灵活，但在瘟疫、强盗猖獗的时候，提前计划是必不可少的，因为这些问题只有在他们旅行时才会知道。在奥斯曼帝国，金钱和人脉都不是问题，毕竟他是牛津大学的一名教授、一位富人，也是社会精英的一员。然而，有一些事情，即使有最好的计划，西布索普也无法控制植物的短暂花期和天气。

西布索普离开牛津三年多，他于1784年夏末离开家乡，于1787年12月初返回。在这次旅行中，他在维也纳停留了很长时间，研究了西方世界最古老的植物学手稿，并与鲍尔接触。他从英国出发，经过了今天的荷兰、德国、捷克共和国、奥地利、斯洛文尼亚、意大利、希腊、土耳其和塞浦路斯。一路上，西布索普和他的同事收集了大量的植物、动物和地质标本，鲍尔绘制了草图，这些草图最终成为有史以来最优秀的植物水彩作品的一部分。

在维也纳，西布索普努力收集关于他计划要去的地方的知识。他认识到了旅伴鲍尔的非凡才能："比我见过的任何艺术家都优秀"和"我的画家在自然史的每个阶段都是插图大师，他融入了画家的品味，博物学家和动物、植物、化石的知识被他大师一般的手赋予了新的生机"。[51]然而，在他们一起工作的这些年里，这两位天才之间的关系恶化了。

在他们的旅程中，西布索普收集植物并做笔记，而鲍尔绘制植物和动物的草图，并使用编号系统记录颜色。植物学实地考察是令人兴奋的，有时也很戏剧化，但往往是例行公事和充满压力的：常规任务的完成往往标志着实地考察取得成功。最常规和最重要的任务是收集标本、压制它们并确保它们适当干燥。一旦干燥，标本必须贴上标签，并避免受潮和发生虫害。西布索普似乎每天早上都和鲍尔一起收集植物，下午则在鲍尔画草图时描述它们。然而，西布索普没有给他的标本贴上标签，而是选择相信他的记忆力，这给那些在他早逝后负责整理《希腊植物志》的人带来了重大问题。

1786年3月6日，西布索普和鲍尔怀着兴奋与忧虑交织在一起的心情离开维也纳前往的里雅斯特。在的里雅斯特，他们穿过威尼斯，然后穿过亚平宁半岛（也称意大利半岛）的城市到达那不勒斯。他们在5月底或6月初离开那不勒斯，驶过墨西拿海峡，进入了一个植物学上鲜为人知的世界。

到6月底，他们到了克里特岛。他们在克里特岛的第一次旅行是前往阿克罗蒂里半岛，图尔内福认为这是岛上最适合种植植物的地方之一。西布索普兴奋地说：

> 我们收集了克里特岛的乌木[*Ebenus criticus*（现代名称：*Ebenus cretica*）]、石竹[*Dianthus arbereus*（现代名称*Dianthus juniperius ssp.bauhinorum*）]、小蓬草[*Conyza candida*（现代名称：*Inula candida*）]、东方蜡菊[*Gnaphalium orine*（现代名称：*Helichrysum oriental*）]，我们在岩石中发现了许多其他的奇异植物……有一种植物最让我高兴，那就是迷迭菊属植物[*Stahelina arborea*（现代名称：*Staehelina arborea*）]，我们带来了一棵树，树上开满了花，叶子银光闪闪。[52]

在斯法基亚山脉，居住着“最可怕、最危险的强盗”，[53]西布索普与他们斗智斗勇。当卡内亚的“骗子”头子问他关于肠胃不适的问题时，西布索普声称：

> （我）正在寻找药用植物。那些跟他疾病相关的植物生长在斯法基亚的山上，但是在那里，没有他的保护和我要求他提供给我的警卫，我去是不明智的。[54]

护送的人来了，一行人在山上探险，西布索普说："我当时总是在口袋里装着上了膛的手枪。"

离开克里特岛后，西布索普和鲍尔穿过阿提卡岛和爱琴海群岛，然后于8月1日抵达安纳托利亚西部。前往伊斯坦布尔的旅程可能是沿着传统的商队路线，经过谢拉丹曾经担任大使的伊兹密尔。

西布索普和鲍尔几乎完全追随图尔内福的脚步，他们于9月初到达了奥斯曼帝国的政治中心伊斯坦布尔。他们在城里过冬。在与霍金斯和英国军事工程师尼尼安·伊姆里（Ninian Imrie）会面后，这支探险队于1787年3月13日乘船离开。他们穿过达达尼尔山脉，绕过安纳托利亚的海岸线。在亚洲大陆的阿卡亚尔布努附近，在整个考察中，其中一项植物荣誉是由伊姆里赢得的，"迄今为止，他是我们当中最敏捷的一个，（并且）经过许多努力到达最近的山顶，并带回了一种新的、优雅的贝母"。于是它在西布索普的笔记中被命名为一种贝母属（*Fritillaria Emereii*）的植物以纪念伊姆里。这种植物以前从未被收集过，只有在安纳托利亚西南部为人所知。鲍尔画了一幅草图，并最终创作了一幅精美的水彩画，用于对贝母的正式描述。贝母最终以西布索普而非伊姆里的名字命名，这是不公正的。180多年后，斯堪的纳维亚植物学家佩尔·温德尔博（Per Wendelbo）和汉斯·鲁尼马克（Hans Runemark）再次收集到了这种新奇的园艺植物。[55]

探险队于3月底抵达塞浦路斯。因为他们在岛上停留了大约两个月，所以他们可以收集大量的春季植物。在西布索普抵达之前，塞浦路斯的植物群鲜为人知，这是因为图尔内福没有去过该岛。当西布索普和鲍尔离开塞浦路斯时，他们已经积累了大量具有巨大科学价值的藏品。他们在塞浦路斯记录、收集了大约600种物种，包括塞浦路斯特有物种，如紫花南芥（*Arabis purpurea*）、滇紫草属（*Onosma fruticosum*）和蝇子草属（*Silene laevigata*）。

▶ 约翰·西布索普1786年8月5日至8日探险日记手稿中的条目，是他在地中海东部探险期间所做的

to the North of the
of Turpentine
best & Soapstone
ply we collected
e with beautiful
Houses of Negro:
earance are
inhabited by Turks,
ion oppressed
the Island, &
have a bad Cha
served by the
we might
in the greatest
of Boeotia on the
be dangerous
fested by Pirates
g with the Firman
t fail in the
d N.E. we made
midnight the wind
ne under the lee
of Negropont
& 7 in the Morn.
the [illegible]

at 6 in the Evening we doubled the
Point of Negropont & during
Night continued to work down the
to the westward of Negropont.

August 7th

At two in the Morn. dropt Anch
the Grecian Shore where we lay
two hours ~~a light Breeze from~~
~~at~~ a light Breeze springing up
the North we began again to
down the Streight. at 9 in the M
we were abreast the two small
Isles. the ancient Myonesi
diately after we opened the G
of Volo. - at two in the Afternoon
went into a small ~~Gulf~~ Bay a few
the North of the Gulph of Volo, on
Thessalian Shore at 9 in the Ev
we put again to Sea

August 8th

Early in the Morning, we found
at a small distance from the
Pallene a Promontory of M
- during the Day light South[illegible]

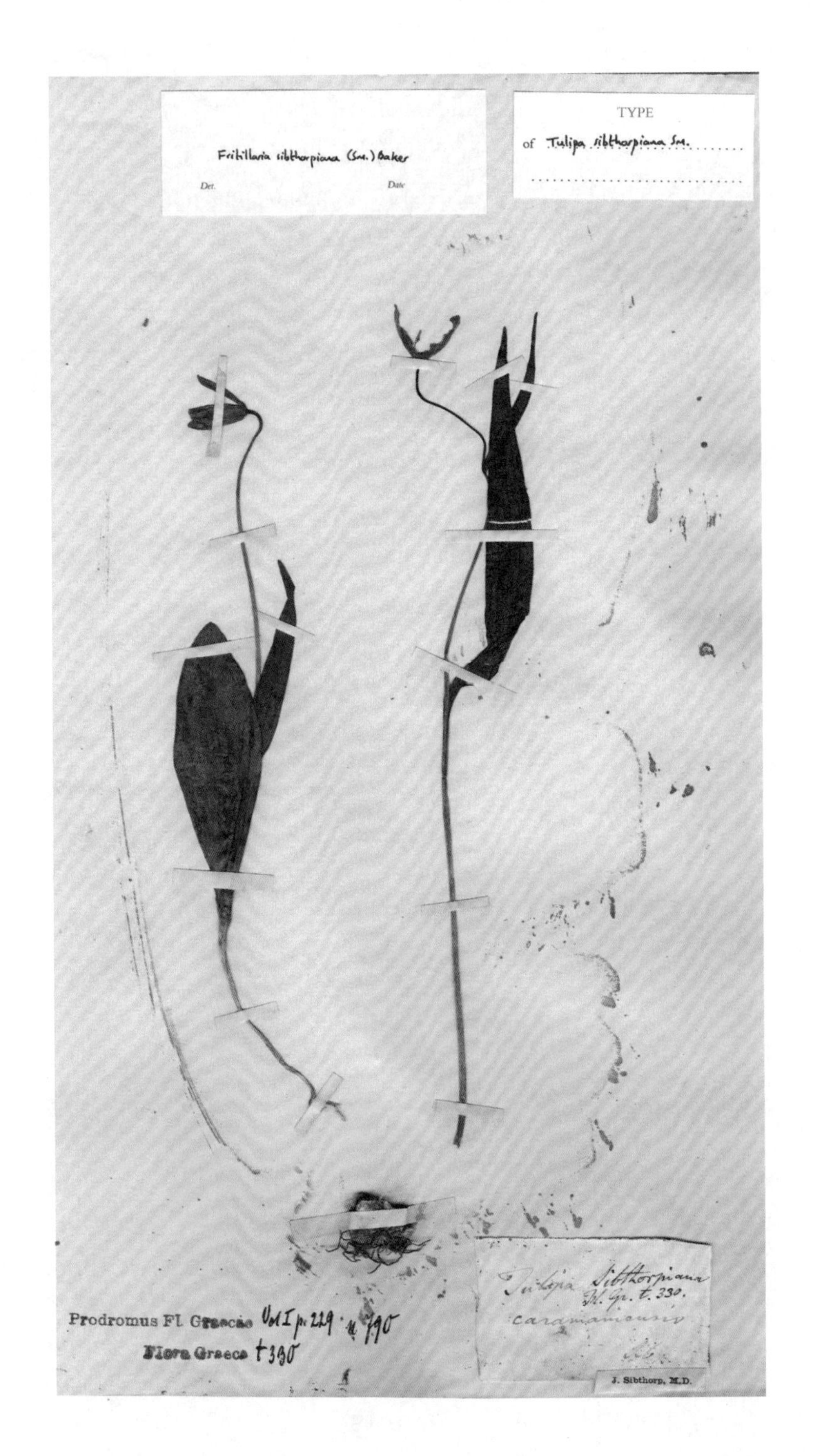

◀ 贝母属（*Fritillaria sibthorpiana*）的标本。1787年，英国军事工程师尼尼安·伊姆里从罗德斯岛对面的土耳其大陆采集

▶ 1787年，费迪南德·鲍尔绘制的贝母属的野外素描

离开塞浦路斯后，探险队在海面不平静的情况下跳岛越过爱琴海。对于西布索普来说，这一定是一段非常令人沮丧的时期，因为他知道地中海的花期很短，如果在海上度过的时间越长，那么采集新植物的时间就越短。到1787年6月19日，他们在希腊大陆登陆。几天后，去海梅托斯山的一次参观，证实了西布索普的观点："被太阳烤焦了，剩下的几株（植物）被山羊啃坏了。"[56]他决定把注意力放在更高的海拔和山脉上，从那以后，他前往帕纳苏斯、塞萨洛尼基和帕特拉。1787年12月5日，西布索普和鲍尔不慌不忙地穿过地中海返回英国，抵达布里斯托尔。一周后，西布索普带着他的《植物与百兽、鸟和鱼》[57]以及艺术家来到了牛津。他们带回了数千份植物标本和数百页的实地草图和笔记。这些材料将占据西布索普的余生。

1789年，西布索普和霍金斯就第二次前往奥斯曼帝国进行了讨论。霍金斯非常希望鲍尔能再次陪伴他们，但鲍尔对此不感兴趣，因为他与西布索普的关系已经不可挽回地破裂了。西布索普还有其他问题：他的家人，特别是他同父异母的兄弟和父亲，对他再次参加欧洲旅行持保留态度。一生中一次伟大的旅行可能是有教育意义的，第二次可能是逃避作为一个绅士和地主的责任。

拖延几年后，西布索普终于在1794年3月出发前往伊斯坦布尔，当时欧洲的政治形势正处于巨大的变化之中。法国的恐怖活动即将结束，欧洲正处于一场周期性的两败俱伤的斗争之中。因此，西布索普选择途经今天的匈牙利、罗马尼亚和保加利亚前往伊斯坦布尔，60天内行程约2 800千米。

西布索普本来就不是一个体格健壮的人，到达目的地的时候他病得很重。他的疾病影响了余下的旅程，他进一步探索了土耳其的更多地方，并穿越爱琴海前往希腊大陆，扎金索斯和莫雷亚是他的重点目标。1795年5月1日，他启程前往英国，并于1795年10月上旬抵达牛津，当时他已经身无分文。

在他的第一次旅行中，西布索普带着他的标本回到了牛津。在第二次旅行中，他把动物学材料留在扎金索斯，等待转交给牛津大学，随身带走了他的植物学标本和笔记。然而，当他在旅途中病重时，他把植物标本送回了扎金索斯，让英国副领事斯皮里顿·弗雷斯蒂（Spiridon Foresti）转送到英国。弗雷斯蒂非常注意包装细节，他为这些动植物材料找到了安全通道，让它们登上了一艘悬挂中立旗帜的船只。这些材料被运到了牛津，但西布索普从未见过，因为他于1796年2月在巴斯去世了。

牛津郡的乔治·克拉里奇·德鲁斯

早在植物园建立之前，大学里的教师、医生和学生就已经在牛津和牛津郡寻找植物了。然而，从19世纪70年代后期到1932年去世，牛津大学植物标本馆的名誉馆长乔治·克拉里奇·德鲁斯极大地改变了这个地方植物的采集方式，也随之改变了人们对这个地方植物的认识。

在德鲁斯之前，收藏家们对他们去的地方、收集的内容和时间都是有选择性的。相比之下，德鲁斯一年四季都在游荡，收集他感兴趣的任何东西。[58]此外，他的收集本能并没有受到他所居住的地区的限制。他的收藏遍布不列颠群岛，尤其是他的家乡北安普敦郡，以及伯克希尔郡和白金汉郡。[59]到他去世时，德鲁斯已经收集了5万多份标本，其中至少1万份来自牛津郡。

德鲁斯是植物学交流俱乐部（后来的不列颠群岛植物学协会）的名誉秘书，该俱乐部的传统成员对收集和交换稀有和不常见的英国植物标本特别感兴趣。[60]他认为，实物标本应该被视为一种植物在特定地点生长的证据，但他自己的许多藏品除了提供村庄名称和收集年份之外，很少提供更多的细节。

德鲁斯感兴趣的是在新的地点发现物种以及发现已知物种的新变种。他喜欢成为第一个发现新植物的人。在20世纪早期的欧洲植物学分类学环境下，他给自己收集的数百个标本取了新变种的名称，其中大多数在今天还没有得到正式承认，因为它们被视为物种内的常见变异。威廉·贝特森（William Bateson）高度重视德鲁斯对微小变异的了解，他是遗传学的创始人之一，也是1910年至1926年间约翰·英尼斯园艺研究所（John Innes Horticultural Institution）的主任。[61]

德鲁斯不加选择地收集植物的做法在同行中臭名昭著，即使在物种保护不是一个主

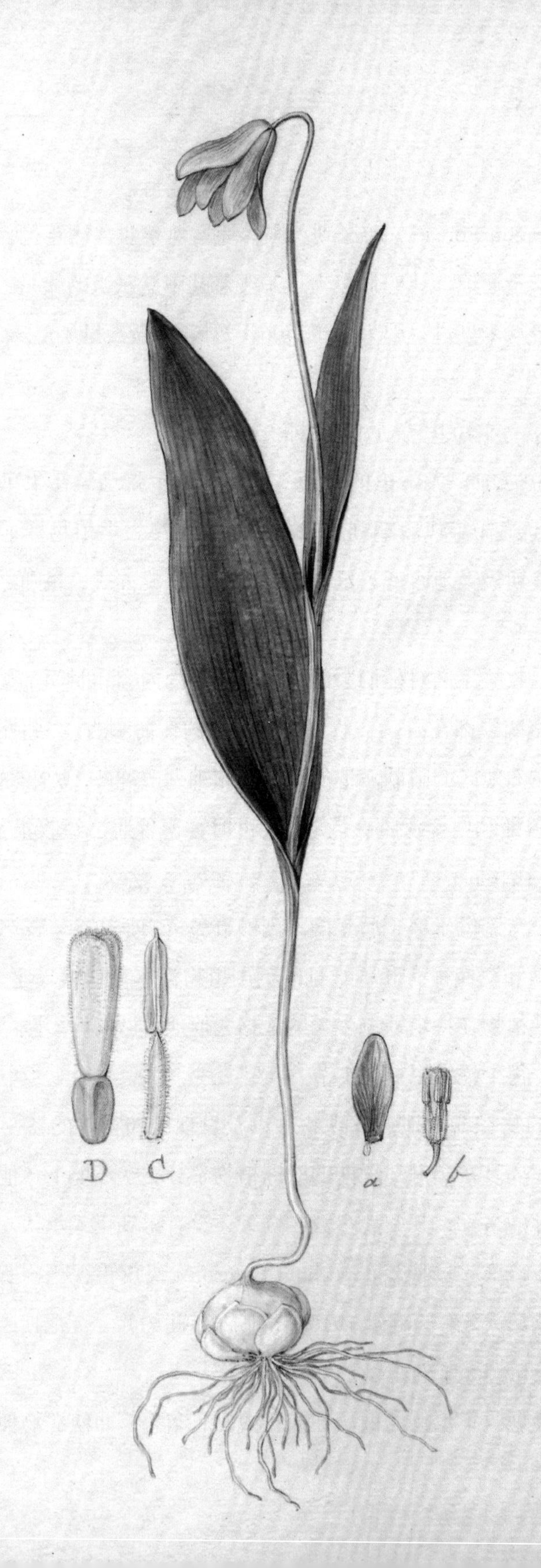
D
C
a
b

要关注内容的环境下。[62]1896年，他在阿克斯布里奇附近的一块耕地的“几码”范围内采集了数百份稀有的雀麦属（*Bromus interruptus*）植物标本。[63]当他听说不列颠群岛有一种稀有植物时，他的第一反应就是去采集。[64]据报道，在目睹德鲁斯在剑桥郡收割一抱一抱的稀有兰花后，一位采集同伴要求对其强制约束，以防止他撞到那台老式的植物收割机。[65]

德鲁斯口头上说要保护植物。[66]他保护着他所发现的稀有植物，但也很乐意向其他收藏家和植物学家提供非常稀有的植物标本，包括根在内的所有部位。不过，展示植物时，他对参观者看得很小心，也许是担心对方会跟他表现得一样。[67]

人们对德鲁斯的态度往往是两极分化的，这在他生前是事实，今天也是如此。然而，无论人们是喜欢他还是讨厌他，他们一致认为他对20世纪前30年英国植物学的了解是无与伦比的。德鲁斯通过在英国各地长途跋涉收集植物，通过在植物标本馆、图书馆和档案馆中搜寻英国植物的记录，获得了这方面的知识，并勉强赢得了同行们的尊重。当剑桥大学植物学教授亚瑟·坦斯利（Arthur Tansley）需要一位向导向参加1911年国际植物地理学考察的代表们介绍英国的植物，并需要有人赞助该活动时，富有的德鲁斯显然是一个选择，尽管坦斯利对这个人持保留态度。[68]具有讽刺意味的是，1927年，当坦斯利成为第十任谢拉丹植物学教授时，他成了德鲁斯的上司，那时的德鲁斯在英国植物学中的影响力正在减弱。

◀ 贝母属的水彩画。根据费迪南德·鲍尔的野外素描绘制，于1788年至1792年在牛津完成

德鲁斯是一位业余植物学家，尽管他尽了最大的努力，但始终处于大学的边缘。他的收集工作发生在英国人对植物学的态度开始发生变化的时期。他确立了自己的地位，那时的传统还是对植物装袋、标记和分类，但已可预见到未来植物保护将受到重视，生物化学、生态学、遗传学和生理学的实验方法将用于植物的研究。他将大量的藏品遗赠给了一

所不情愿接收的大学，但这些藏品在很大程度上仍未被发掘，事实上它们可以为20世纪30年代前英国的植物研究做出贡献。

采集活植物

活的植物为植物学研究和公众参与提供了多种可能性。在其历史的各个阶段，植物园都储存了活的标本，这些标本可能作为种子或活的植物被运送到很远的地方。[69]

小博巴特作为稀有物品供应者，意识到了这些巨大的挑战。1694年3月，他参观了格洛斯特郡拜明顿的博福特公爵夫人的著名花园。他很想让她买一些他正在种植的植物："我现在寄去一包我觉得很有希望的种子"和"我给所有的女士寄去一张纸条，上面有我在贵格雷斯种植园里没见过的好植物"。然而，安全运送这些正在生长的植物是公爵夫人的责任：

> 这里提到的植物，无论是盆栽的还是无盆栽的，大约两周后都可以安全地搬运、移植和运输了；在我看来，如果您愿意选择其中任何一种，最好的方式是派遣您自己挑选的人马，而不是将它们交给粗心大意的公共承运人。[70]

卡特斯比在运输活植物方面面临着类似的挑战，他不得不寻找新的解决方案，包括使用装满潮湿沙子的葫芦。即使种子安全地掌握在园丁手中，成功发芽也需要时间、耐心和运气。尽管可以在口袋里放几颗种子，但是正在生长的植物必须在恶劣的环境中得到呵护，就像在海上的船。

1823年，伦敦东区的业余博物学家兼全科医生纳撒尼尔·巴格肖·沃德（Nathaniel Bagshaw Ward）在"沃德箱"（Wardian case）上取得了突破：这是一个封闭的玻璃盒子，可以保护生长中的植物免受不利环境的影响。[71]在使用沃德箱之前，从中国进口到英国的植物中约有99%都损失了，在使用沃德箱之后，损失降至14%。这项简单的技术很快在世界范围内被采用，并成为种植植物在世界各地移动的标准方式，直到第二次世界大战之后。沃德还认为他的案例“适用于缓解大城市人口密集地区的物质和精神需求”。当它们成为维多利亚时代和爱德华时代家庭的玻璃器皿时，沃德箱使许多人得以一睹热带风情。20世纪20年代早期，植物园中使用了两个“沃德箱”来收集膜蕨科植物，这种方式可能更接近沃德所设想的样子，而不是作为一种皇家技术。[72]

今天，高速运输已经减少了在全球范围内运输活植物的困难，但收集活植物的困难仍然存在。近年来，植物园已经很少有收集活植物的探险活动。1978年，人们在圭亚那的罗莱马山上采集了一种不同寻常的食虫植物卷瓶子草（*Heliamphora nutans*），并由主管肯尼斯·伯拉斯（Kenneth Burras）进行繁殖。树木园现任馆长本·琼斯（Ben Jones）曾到日本进行了种子收集考察，在日本合作者的帮助下，植物园和树木园开始种植已知野生来源的日本植物。

现代采集

在过去的40年里，牛津大学藏品的收集重点是与研究项目直接相关的标本，而不是像前几个世纪那样，集中在投机性的标本积累上。标本的积累和藏品的增长并不是收藏家的主要动力。收集重点放在了林业物种、合作标本采集考察以及标本采集地人员的有效参与上。

在20世纪早期，皇家林业官员和后来的英联邦林业官员通过将分类学和生态学应用于热带森林的有效管理中，尤其是在非洲和东南亚，大大扩充了植物标本馆的内容。[73]细心的馆长和馆长助理通常具有在热带地区采集标本的丰富实践经验，他们意识到确保标本可供研究人员使用的重要性。

从20世纪20年代后期开始，约瑟夫·伯特·戴维和亚瑟·克拉格·霍伊尔（Arthur Clague Hoyle）就确立了将收集照料与实际现场工作相结合的标准。霍伊尔在非洲东部和南部进行了广泛的实地调查，专门研究在生态和经济上具有重要意义的豆科植物短苞豆属（*Brachystegia*）。20世纪40年代，约翰·帕特里克·米克勒斯瓦特·布伦南（John Patrick Micklethwaite Brenan）在植物标本馆工作，并在东非采集植物。10年后，布伦南进入英国皇家植物园，并于20世纪70年代中期成为该园的主任。

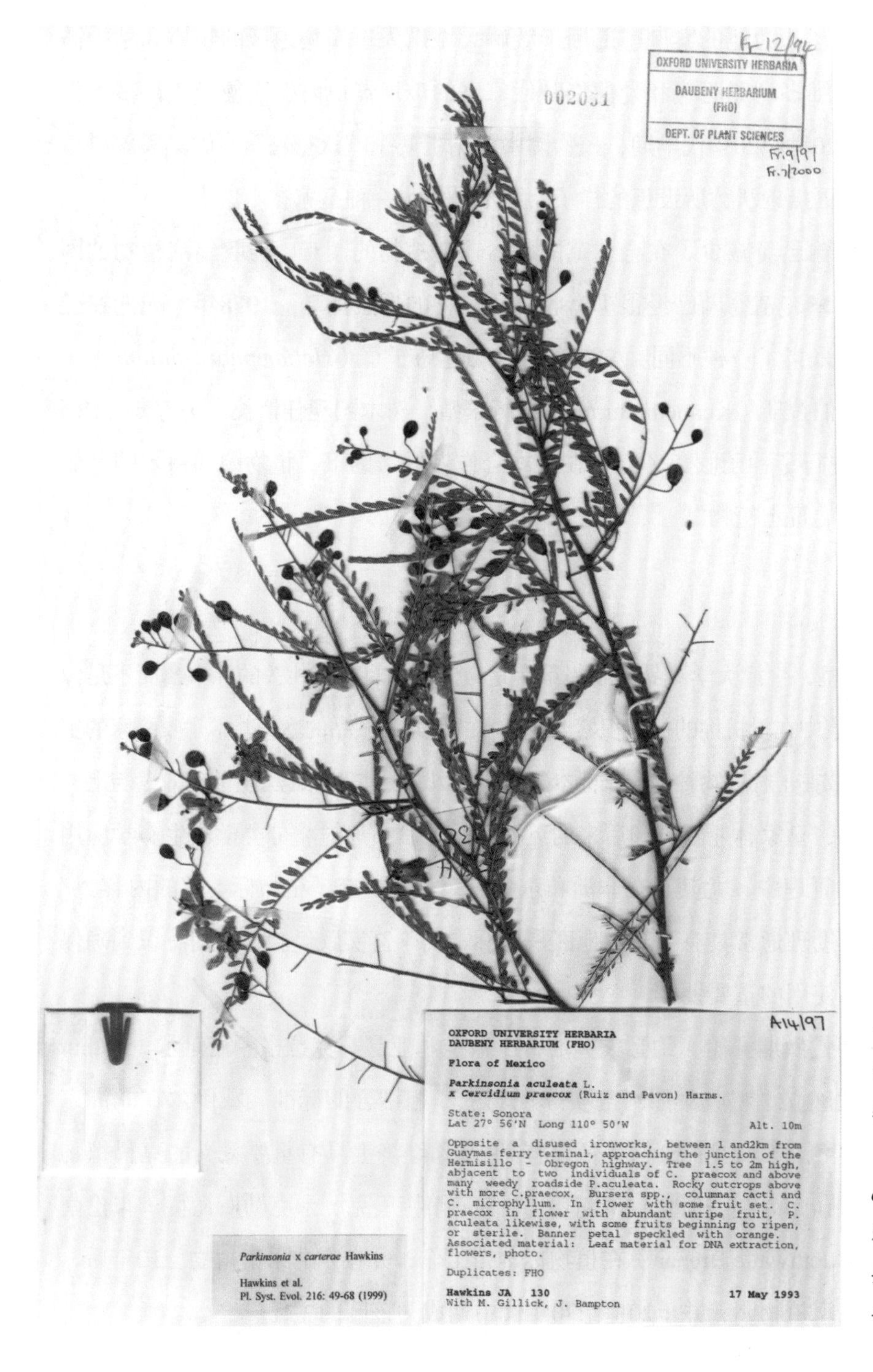

◀ 朱莉·霍金斯（Julie Hawkins）于1999年描述的木本豆科植物扁轴木属（*Parkinsonia x carterae*）植物的标本。1993年，她与同事在墨西哥收集了该标本

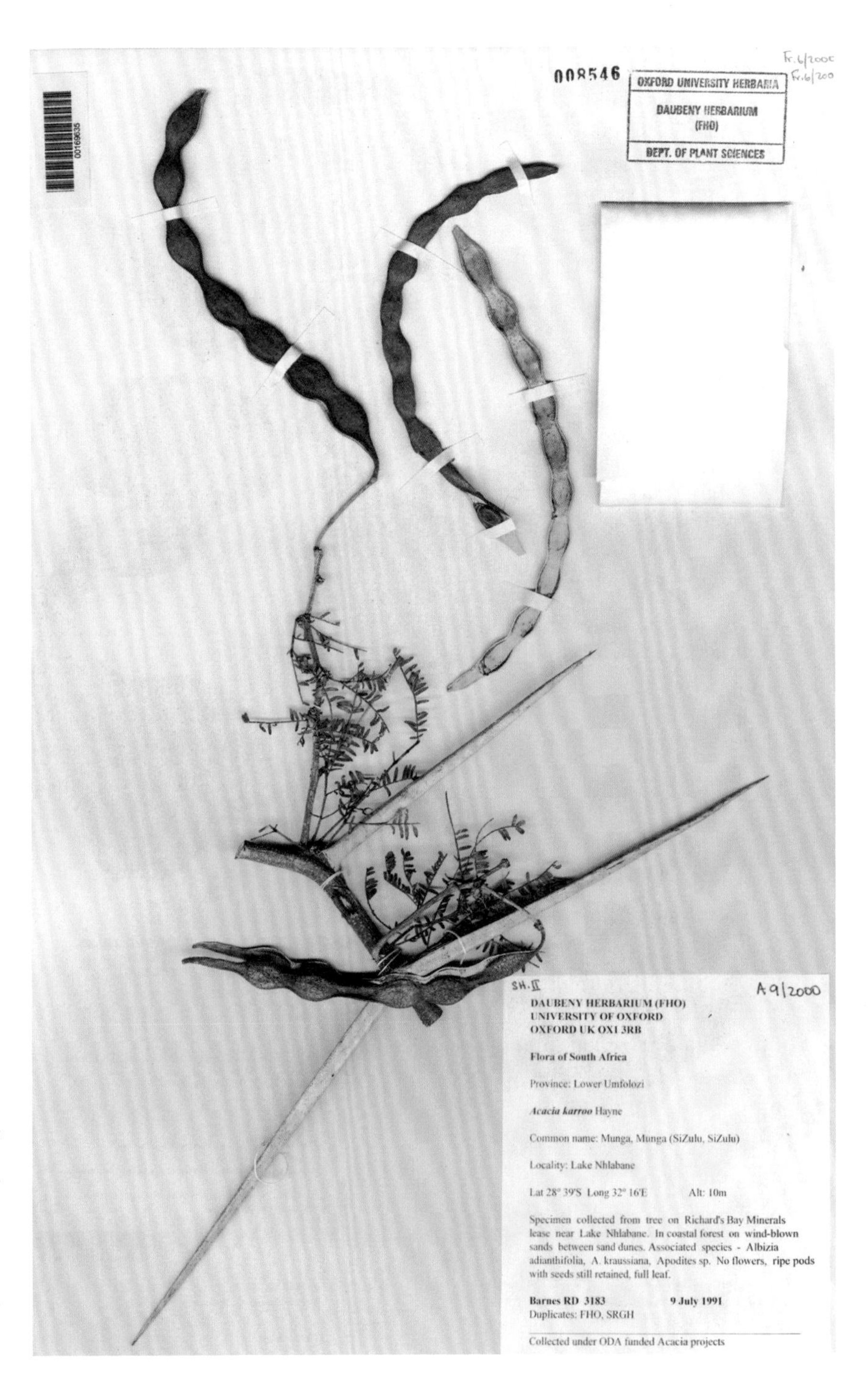

▶ 理查德·巴恩斯1991年在南非收集的甜刺金合欢（*Acacia karroo*）标本。这是作为研究非洲多用途豆科植物使用的种子收集计划的一部分

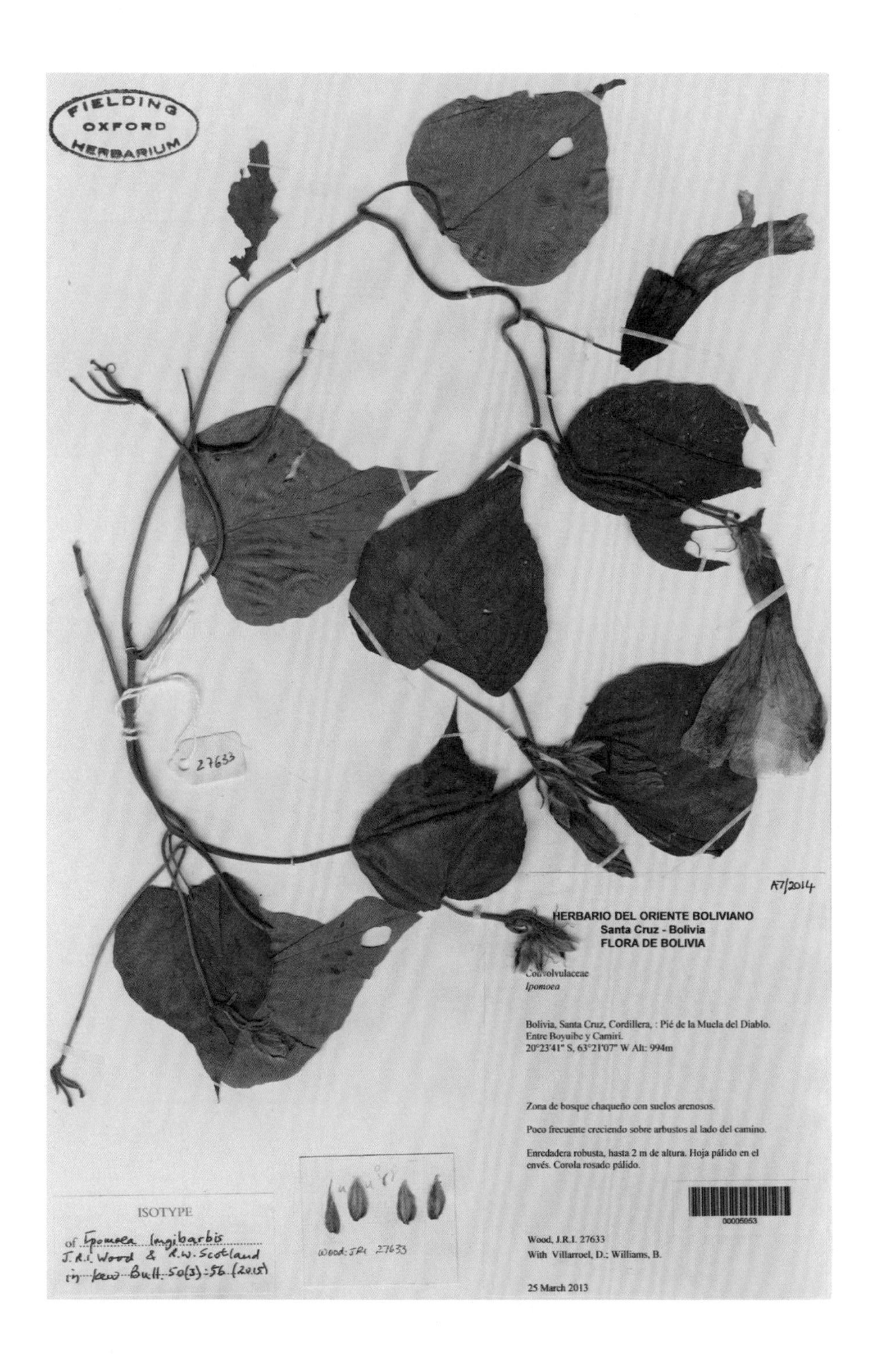
FIELDING
OXFORD
HERBARIUM
27633
HERBARIO DEL ORIENTE BOLIVIANO
Santa Cruz - Bolivia
FLORA DE BOLIVIA
Convolvulaceae
Ipomoea
Bolivia, Santa Cruz, Cordillera, : Pié de la Muela del Diablo.
Entre Boyuibe y Camiri.
20°23'41" S, 63°21'07" W Alt: 994m
Zona de bosque chaqueño con suelos arenosos.
Poco frecuente creciendo sobre arbustos al lado del camino.
Enredadera robusta, hasta 2 m de altura. Hoja pálido en el envés. Corola rosado pálido.
00005053
Wood, J.R.I. 27633
With Villarroel, D.; Williams, B.
25 March 2013
ISOTYPE
of Ipomoea longibarbis
J.R.I. Wood & R.W. Scotland
in Kew Bull. 50(3):56. (2015)
Wood: JRI 27633

20世纪50年代至90年代早期，弗兰克·怀特和大卫·马伯里（David Mabberley）及其学生和同事的研究重点是非洲和东南亚以及包括柿科和楝科在内的植物科。这些调查涉及非洲、东南亚、中美洲和波利尼西亚的长期野外考察。马伯里最终成为英国皇家植物园植物标本馆、图书馆、艺术和档案馆的管理员。

从20世纪80年代到21世纪早期，林业研究所内成立的森林遗传小组研究了热带树木的遗传资源。所采用的方法是收集种子和植物标本，以及建立活种源试验。在英国政府海外发展预算的资助下，收藏家们与中美洲和非洲各地的机构合作，从具有多种用途的树木中收集种子，特别是豆科植物。布赖恩·斯泰尔斯（Brian Styles）在整个中美洲收集松树，而科林·休斯（Colin Hughes）和邓肯·麦奎因（Duncan Macqueen）等研究人员在美洲收集豆科植物。理查德·巴恩斯（Richard Barnes）和克里斯·法格（Chris Fagg）在非洲南部、东部和南非寻找相思树属植物。

如今，一种典型的收藏模式是，基于收藏家在其职业生涯早期的时间有限且地域受限的旅行。少数收藏家为新植物物种的发现做出了不成比例的巨大贡献。自21世纪以来，这些“重量级人物”之一的约翰·伍德通过与罗伯特·斯科特兰（Robert Scotland）的合作与牛津大学建立了联系。[74]与其他大人物一样，伍德的特点之一是他具有非常丰富的实地经验。这样的人可能收集的标本数量很少，但几十年的经验使他们能够有选择性地收集标本。

◀ 番薯家族成员番薯属（*Ipomoea longibarbis*）植物的模式标本。2013年由约翰·伍德及其同事在玻利维亚收集，两年后由约翰·伍德和罗伯特·斯科特兰正式描述为一个新种

这些收集者在植物群和分类学研究以及建立种子库方面采用了类似的方法。他们关注的是栖息地内的果实或花朵中的单个物种。20世纪90年代，威廉·霍桑（William Hawthorne）在调查西非植物多样性时采用了不同的野外收集方法。在与非洲同事的合作下，他

收集了一个地区的所有东西，不管该地区是肥沃的还是贫瘠的。一个勤勉的收藏家使用传统技术每天可以收集24个标本，而霍桑和他的同事则收集了数百个标本。这种方法对植物的干燥、运输和处理提出了巨大的组织管理挑战，但可以提供特定时间特定栖息地植物多样性的完整快照。

20世纪80年代之前，为大学增加藏品的收藏家通常受益于能够长期收集以及任意漫游各大洲。弗兰克·怀特等收藏家在20世纪50年代至70年代期间横贯非洲，带领队伍进行长达数月的收藏考察活动，这在今天是难以想象的。政治、态度和优先级都发生了变化。过去的收藏家们一般都是拿走他们想要的东西，除了确保他们获得了最好的材料，并以尽可能好的状况将其送回英国之外，他们几乎不关心其他任何事情。如今，许可证对于为大学收藏做出贡献的收藏者来说同样重要。

为牛津大学的收藏做出贡献的收藏家们在全世界范围内寻找植物。他们的努力成果集中在牛津人学——无论大学是否希望如此——不在计划之中，也是历史的意外。这些人（他们主要是男性）的动机各不相同，但大多数人希望他们收集的材料能被使用。作为战利品的收藏没有科学价值。

这些收藏者的作品潜力可能会受到缺乏收集细节（如西布索普的地中海东部标本）或收藏所有者在收到标本后的做法（如威廉·谢拉丹和亨利·菲尔丁）的限制。纠正这些问题可能是一项重大挑战，从而使一些研究人员放弃使用标本。

爱德华·勒怀德（约1659—1709）[75]，他是皇家学会会员，18世纪早期欧洲首屈一指的收藏家汉斯·斯隆称赞他是最优秀的博物学家。作为一个私生子，勒怀德的早期植物学教育由他父亲的园丁爱德华·摩根（Edward Morgan）监督，而爱德华·摩根与威斯敏斯特的植物园（Westminster Physic Garden）有联系。[76]1682年，勒怀德来到牛津，在那里他成了新兴牛津哲学学会（Oxford Philosophical Society）的一员，这是一个由罗伯特·普劳特领导的科学组织。这个由英国博物学家约翰·雷和马丁·李斯特（Martin Lister）等人组成的知识分子圈子将对勒怀德的余生产生重要影响。

1687年，普劳特任命勒怀德成为他在阿什莫尔博物馆的助手。尽管他担心埃利亚斯·阿什莫尔会忽视他，但勒怀德最终还是接替了普劳特。[77]随着他的晋升，勒怀德的交际范围越来越广，当他对英国化石进行分类时，他认为这些化石是地球的自然产物，而不是灭绝生命形式的证据。

就像他之前的导师一样，勒怀德构思了一部关于威尔士自然史的巨著。为了这项研究，他进行了大量的收集考察，足迹遍及康沃尔、威尔士、爱尔兰、苏格兰，甚至布列塔尼。勒怀德也是威尔士语语言学的先驱。然而，当他在1707年出版了作品的第一卷时，他的读者感到失望，因为他们对他的实地研究有着更多的期望。

勒怀德死于阿什莫尔博物馆（现在是科学史博物馆）的地下室中，去世时身无分文，后来人们以洼瓣花属（*Lloydia*），即所谓斯诺登百合来纪念他。[78]

马克·卡特斯比（1683—1749）[79]，他是皇家学会会员，也是菲利普·米勒的“植物采购官”之一，与牛津大学没有关系。但是，1722年至1726年间，他在殖民时期的北美南部进行了开拓性的探索，他收集的大部分植物标本都成了牛津大学的收藏品。[80]

卡特斯比出生在埃塞克斯。18世纪10年代，他与亲戚住在弗吉尼亚州，并向英国自然历史学家证明了他作为美国植物收藏家的价值，据说他“将水彩画画得尽善尽美”。[81]当他回到英国后，他的技术引起了颇具影响力的博物学家威廉·谢拉丹的注意。18世纪20年代，威廉·谢拉丹组织了一批知名的自然历史学家和园艺学家，支持卡特斯比对南美洲殖民地的探索。

卡特斯比于1726年返回英国，向他的英国赞助者寄送了数千份植物标本和活植物。在寄送过程中，这些物品有时会以精确而巧妙的方式包装。在伦敦，他开始了为《卡罗莱纳州、佛罗里达州和巴哈马群岛的自然历史》（1729—1747）准备插图和文本的漫长过程。他还大力倡导在英国种植北美树木。

卡特斯比被以喇叭茜属（*Catesbaea*）的名字来纪念，喇叭茜属指来自西印度群岛和佛罗里达州的一个小属的灌木。

约翰·西布索普（1758—1796）[82]，皇家学会会员，他探索了地中海东部，向英国植物学家介绍鲍尔兄弟费迪南德和弗兰兹的艺术才华，并创立了西布索普农村经济学教授职位。

西布索普出身于牛津一个富有的、拥有土地的学者家庭。他的父亲汉弗莱是牛津大学第二任谢拉丹植物学教授。1778年，西布索普在爱丁堡大学学习医学时，约翰·霍普（John Hope）介绍他了解了林奈植物学。10年后，他又在牛津大学给他的学生们讲授类似的课程。

18世纪80年代早期，西布索普获得了继续在巴黎和蒙彼利埃进行植物学研究的资源，然后于1783年返回牛津，而他的父亲为了支持他，辞去了谢拉丹植物学教授的职位。西布索普几乎立刻返回了欧洲大陆。在维也纳，他遇到了费迪南德·鲍尔，他是有史以来最优秀的植物艺术家之一。

在1786年和1787年的大部分时间里，西布索普和鲍尔对地中海东部的植物学进行了研究，决心为迪奥斯科里季斯在《药物论》中记录的药用植物赋予现代林奈的名称。他们一边探索，一边采集植物，鲍尔画了草图。西布索普回国后，在牛津大学开始了学术生涯。他试图使植物园现代化，并恢复被父亲忽视了几十年的植物学在大学里的声誉。1794年3月，他前往希腊，但14个月后被迫返回英国。他最终死在了巴斯。

西布索普没能活着看到他的作品达到顶峰，但他在遗嘱中留下了出版的钱。詹姆斯·爱德华·史密斯等人编辑了鲍尔和西布索普的作品，并将其作为没有插图的《希腊植物志初编》（1806—1816）和插图精美的《希腊植物志》（1806—1840）出版。

命名和分类

研究赋予收藏意义。如果仅仅为了扩大收藏的规模，或者为了提高收藏的地位而收集物品，那么这是一种虚荣的行为。因为研究方法的改变，针对藏品的提问也更为多元，因此在过去的四个世纪里，大学里的植物学研究不能被简单地划分为几类。牛津大学最初三个世纪的植物学研究主要关注世界上植物的命名、描述和归类问题。

准确的名称对于我们使用植物至关重要，区分植物可能造成其他生物生与死的差别。此外，要想区分植物的特殊性质，就必须给它们取独特的名字。从埃及人到亚述人，从中国人到印度人，再到希腊人这样多样化的民族来说，名字都是至关重要的。事实上，根据《圣经·创世纪》的记载，亚当在伊甸园面临的第一个挑战是分类学：给“牛……空中的鸟和田野里的每一只野兽”命名。[1]基督教教义认为地球上的所有生物都是上帝赐予的，是永恒不变的。[2]

◀ 胡萝卜属（*Daucus guttatus*）植物的水彩画细部。基于费迪南德·鲍尔的实地草图创作。（完整图像显示在第108页）

如果要在人与人之间、跨代之间、同一种文化内部或不同文化之间交流关于植物的信息，名称是必不可少的。重要的是，名称应该明确使用，一个名称指代一个事物。在近代自然史的早期，一种基于简短拉丁语描述（多项式）的命名系统很快发展起来，例如*Jacobaea Sicula Chrysanthemi facie*（类似母菊的西西里千里光）。如今，这种植物在科学上被称为牛津千里光，使用的是瑞典植物学家卡尔·林奈在1753年正式确定的双名命名系统。

到了17世纪早期，对地球的探索已经挑战了“上帝创造的所有植物都为人类所知”的观念。每一次回到欧洲的探险或贸易航行都带来了《圣经》或经典文献中没有提到的种子、标本和植物报告。即使所有这些植物都有名字，但是这些按字母顺序排列的名字和描述也只能提供有限的植物学知识。

植物通常根据习性、栖息地或用途进行分类，但这些分类几乎没有什么普遍用途。通过对排列方法的实验，人们发布了在特定植物园、个人植物标本馆或世界部分地区发现的列表，或者根据物种用途排列的植物描述，例如在园艺手册或草药中。不过，这些内容缺乏共同安排的普遍性。在17世纪和18世纪，人们的注意力转移到了基于植物的生殖部分——花和果实的一般分类系统上。这些将在卡尔·林奈的性别分类体系（二十四纲分类法）中得到具体的体现。这一体系最初备受争议，第一任谢拉丹植物学教授约翰·迪勒尼乌斯对此持怀疑态度。[3]

从广义上讲，自17世纪以来，分类学研究一直是大学植物科学中或多或少固定不变的一部分。在17世纪下半叶，人们关注的焦点是开花植物的命名和分类。在18世纪上半叶，这项工作转向为对真菌、苔藓和蕨类植物的分类，并创建了一个全球植物名录。18世纪下半叶，大学植物学研究的休眠期随着查尔斯·道本尼在19世纪30年代的任命而结束，而分类学研究直到20世纪50年代才恢复其昔日的地位。

胡萝卜

野生胡萝卜（*Daucus carota*）是一种非常多变、分布广泛的物种，其自然分布范围从大不列颠和爱尔兰的大西洋沿岸，穿过欧洲和地中海，一直延伸到中亚。胡萝卜很容易辨认，因为它高度分裂，有独特的香味，像蕨类植物的叶子和一簇簇微小的白色花朵，这些小花是从一窝细裂的苞片中生长出来的。在地下，野生胡萝卜有一个小的、坚韧的、高度分枝的白色主根。相比之下，栽培的胡萝卜有膨胀的、不分枝的主根，颜色如彩虹一般——紫色、黄色、红色、橙色等。

在人类的进化史上，我们很快就学会了将植物的防御化学物质用作药物，并将它们的淀粉、糖、蛋白质、维生素和矿物质用作食物。胡萝卜因其膨胀的根的甜味而受到重视，并被广泛种植。胡萝卜的近亲，如孜然芹（*Cuminum cyminum*）和欧芹（*Petroselinum crispum*），被认为是草药和香料，而毒参（*Conium maculatum*）和毒芹（*Cicuta virosa*）毒性极高。因此，区分这些物种的能力可能意味着生与死的区别。

胡萝卜是两年生的：它们需要两年才能成熟。第一年，主根中的细胞会因储存的糖而膨胀；第二年，这些糖促进了花朵和果实的形成。然而，栽培的胡萝卜很少开花，而且是在第一年的年底收获，此时主根糖含量最高。胡萝卜的另一个近亲是欧洲防风草（*Pastinaca sativa*），它的主根也被用作食物。古典和早期现代的大多数人不能清楚地区分胡萝卜和欧洲防风草。

现代胡萝卜是从中亚的野生胡萝卜中挑选出来的，在中亚，它们“实际上是不请自来地被种植的”，[4]然后传播到整个欧洲。17世纪，西欧五彩斑斓的胡萝卜颜色逐渐减少到一种：欧洲胡萝卜变成了典型的橙色。随后，橙色胡萝卜跟随着西方帝国到了它们殖民的全球大部分地区。

◀ 胡萝卜属（*Daucus guttatus*）植物的水彩画。基于费迪南德·鲍尔与约翰·西布索普在地中海东部旅行期间绘制的实地草图创作，于1788年至1792年在牛津完成

◀ 野生胡萝卜（*Daucus carota*）的植物标本。可能由雅各布·博巴特于1660年从牛津植物园收集

and mixed with the Oyl, and dropped into the Ears, easeth pains in them. The Root mixed with Bean-flower, and applyed to the Throat or Jawes that are inflamed, helpeth them, and the Roots or Berries beaten with hot Oxe-Dung, and applyed, easeth the pains of the Gout. *Tragus* reporteth, that a dram or more, if need be, of the spotted *VVake-Robin*, either green or dryed, being beaten, and taken, is a most present and sure Remedy for Poyson, and the Plague. The Juyce of the Herb taken to the quantity of a spoonful, hath the same effect; to which if there be a little Vineger added, as also to the Root aforesaid, it somewhat allayeth the sharp biting tast thereof upon the Tongue. The green Leaves bruised, and layd upon any Boyl or Plague-sore, doth wonderfully help to draw forth the poyson. A dram of the Powder of the dryed Root, taken with twice so much Sugar, in the form of a licking Electuary, or the green Root, doth wonderfully help those that are pursie and short winded, as also those that have the Cough; it breaketh, digesteth, and riddeth away Flegm from the Stomack, Chest, and Lungs. The milk wherein the Root hath been boyled, is effectuall also for the same purpose. The said Powder taken in Wine, or other drink, or the Juyce of the Berries, or the Powder of them, or the Wine wherein they have been boyled, provoketh Urine, and bringeth down Womens Courses, and purgeth them effectually after Child-bearing, to bring away the after-birth, and being taken with Sheeps milk, it healeth the inward Ulcers of the Bowels. The Leaves and Roots also boyled in Wine with a little Oyl, and applyed to the Piles, or falling down of the Fundament, easeth them; and so doth the sitting over the hot fumes thereof. The fresh Roots bruised, and distilled with a little milk, yieldeth a most soveraign water to cleanse the skin from skurf, freckles, spots, or blemishes whatsoever therein. The fresh Roots cut small, and mixed with a Sallet, will make excellent sport, with a sawcy sharking guest, and drive him from his over-much boldness, and so will the Powder of the dry Root, strewed upon any dainty bit, that is given him to eat: For either way, within a while after the taking it, it will so burn, and prick his mouth and throat, that he shall not be able to eat any more, or scarce to speak for pain: The green leaf biteth the Tongue also. To take away the stinging of either, give the party so served new milk, or fresh butter. This Plant should be Venereous by its Signature.

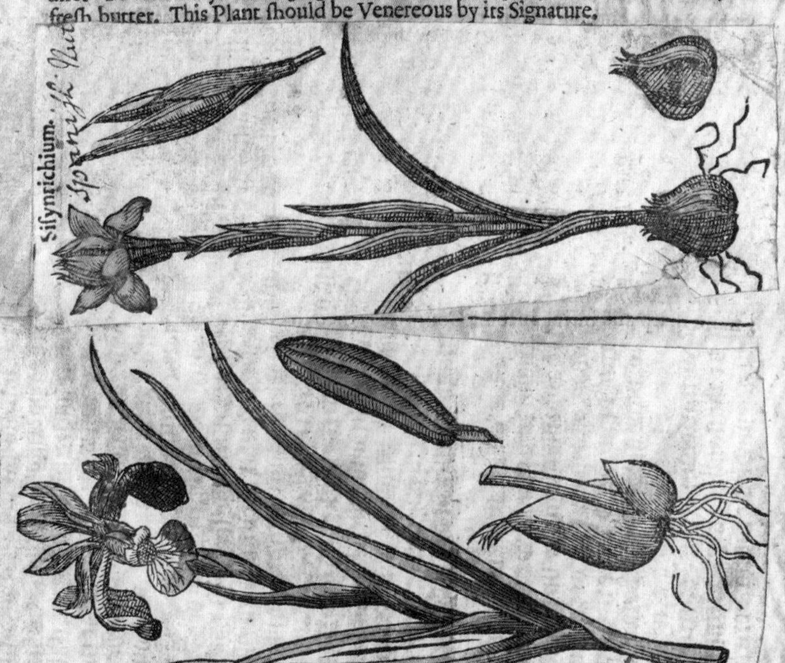

he Paradise of Plants. 67

CHAP. XXXIII.

the Flower de Luce.

The Names.

all it, Ἶρις as also Ἶρις, *quasi Sacra*, whereupon some have
Consecratrix, all great and huge things being counted by
to be Holy; but it was called *Iris, à cælestis Arcûs si-*
uam flores ejus representant; from the Rainbow whose va-
er thereof doth imitate. There have been some hereto-
ference between *Iris* and *Ireos*, according to the Latine
hich is this, *Iris purpureum florem gerit*, *Ireos album*; but
ceeding as some suppose from the Greek word Λείριον
Lilly, and by casting away the first letter becomes εἴριον
the last syllable, as if the Lilly and the *Iris* were all one,
s make a distinction: It is called *Radix Marica*, because
Piles; and some have called it, *Radix Naronica* of the
n great store doth grow. The knobbed *Iris* is called of
ylus Verus, because the roots are like unto fingers; and
call it, but most erroneously, it being a wild kind of flow-
truly affirmeth. *Gladwin* which is a kind hereof, also is
Xyris ob Folii similitudinem, quasi Rasorium cultrum, aut
cause of it Swordlike or sharpedged Leaf, and in Latine
ida; for *Spatha*, is taken for a sword as *Gladium* is; and
Rost Beef, for that the leaves being bruised smell some-
owerdeluce is called in English *Iris* but most commonly

The kinds.

s as I find set down in *Parkinsons* Theater of Plants, I here
ight. 1. The greater Broad leafed Flowerdeluce, 2. The
Flowerdeluce. 3. Portingall Flowerdeluce. 4. Broad
luce. 5. Stinking Gladwine. 6. The first broad leafed bul-
Clusius. 7. The greater bulbed Flowerdeluce. 8. The les-
ce; to which I adde. 1. *Iris tuberosa* the knobbed Flow-
mon Flowerdelucer; 3. Water flags or wild Flowerdeluce.

The Form.

owerdeluce hath long and large flaggy leaves, like the
h two edges, amongst which spring up smooth and plain
or longer, bearing flowers towards the top, compact of
ther: whereof three that stand upright are bent inward
nd in those leaves that hang downwards there are certain
s, growing or rising from the nether part of the leaf up-
w colour, The Roots be long, thick and knobby, with
ged thereat; but being dry it is without them, and white.

The Places and Time.

es aforementioned, and many more, though they grow
reece, Italy and *France*, and some in *Germany*: yet they
K 2 are

◀ 威廉·科尔（William Cole），新学院的研究员，其在《亚当在伊甸园，或自然天堂》（1657）一书中详细阐述了药效形象说（Doctrine of Signatures）。展示的复制品还添加了从伦贝尔·多登斯（Rembert Dodoens）1578年出版的《尼夫的草药》（*A Nievve Herball*，1578）中剪下的边缘素描和手绘木刻

罗伯特·莫里森的《新万能草药》

到1670年，牛津大学在发展通用植物分类系统方面已处于有利地位。一个由老雅各布·博巴特照料的植物园已经建立起来，博巴特夫妇烘干植物，以便将标本纳入他们的植物标本馆，罗伯特·莫里森被任命为植物学钦定教授——这是英国大学中第一个这样的职位。在流亡法国期间，莫里森受雇于奥尔良公爵加斯顿（Gaston），他曾想过：

> “自然”是一种最好的方法，它可以消化所有的植物，并根据其种子、荚果和花朵的不同将其归类到若干种类。这样做的好处是，对植物的研究和记忆可能会更加容易，并极大地促进各种各样的人对植物的思考。[5]

莫里森曾经质疑过一些几十年前的在植物学领域至高无上的权威标杆，包括雅克·达雷尚普斯（Jacques Daléchamps）基于栖息地的分类，约翰·帕金森的基于用途的分类和巴兹尔·贝斯勒（Basil Besler）的季节性分类——莫里森在《植物学序论》（*Praeludia Botanica*，1669）中总结了他的方法。莫里森甚至对瑞士植物学兄弟加斯帕尔（Gaspard）和让·鲍欣（Jean Bauhin）提出了具体的批评（他称之为“幻觉”），这些批评让人们对他的作品留下了深刻的印象。莫里森认为，植物的分类必须基于统一植物群的特征，例如毛茛（毛茛属，*Ranunculus*）的花朵都有五个部分，果实尖而扁平，无论其栖息地、性质或叶子形状如何。[6]

莫里森的分类被称为Sciagraphia（初稿），是基于“果

▶ 17世纪晚期的英国第一位植物学教授罗伯特·莫里森的油画肖像。可能由威廉·桑曼（William Sunman）创作

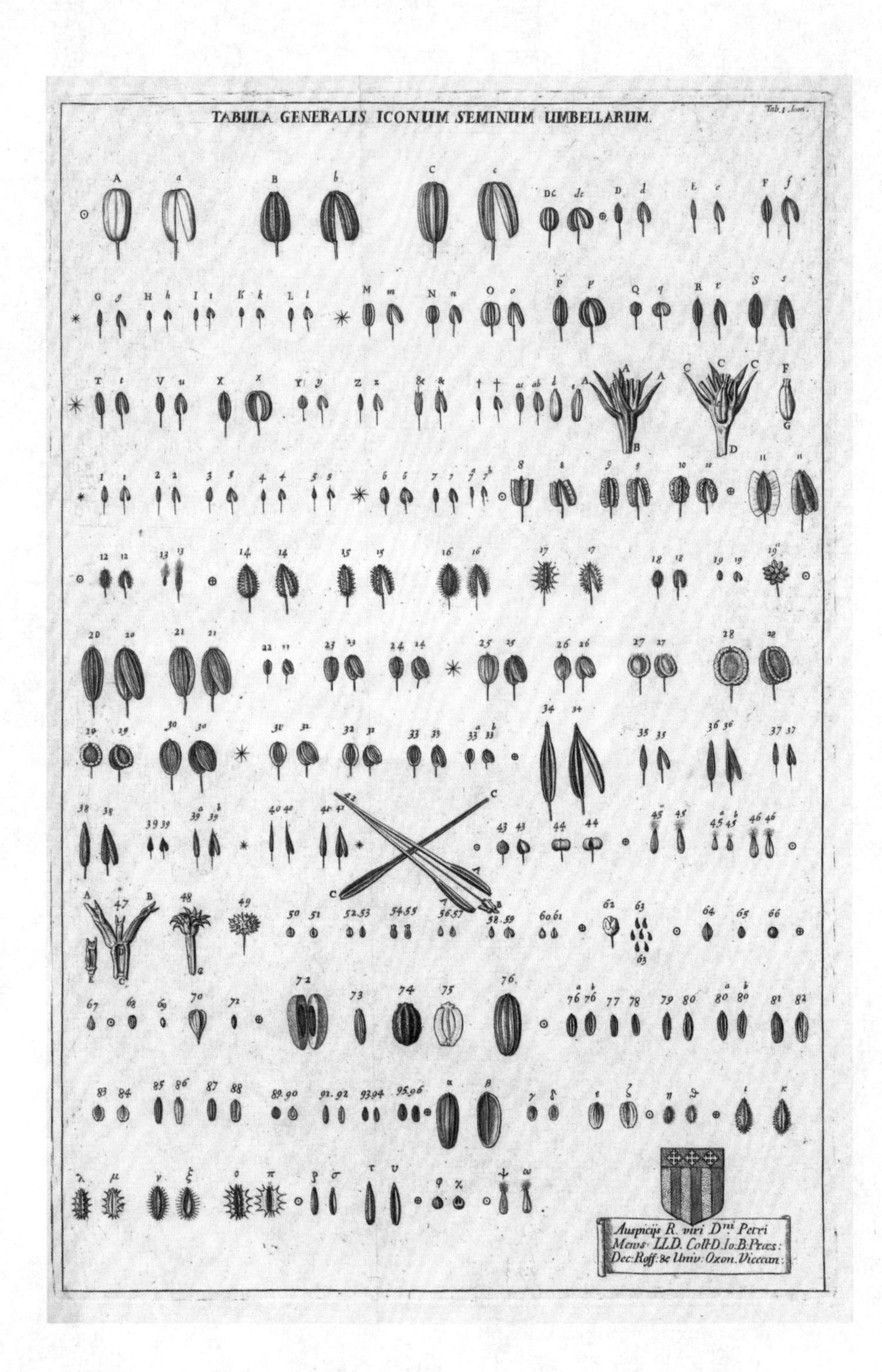
TABULA GENERALIS ICONUM SEMINUM UMBELLARUM.
Auspicijs R. viri Dni. Petri
Mews LLD. Coll D. Io: B: Præs:
Dec: Roff: & Univ: Oxon. Viccan:

实”（17世纪果实和种子在植物学上没有明确的区分）的，因此卡尔·林奈将莫里森分类为“果实学家”。这个体系来自他对《自然之书》的研究，而《自然之书》对果实的关注有着神圣的权威：“上帝说，让大地生草，草结种子，果树结果实，果实包着核，各从其类，一切都在大地之上。”[7]在莫里森的一生中，这个体系从未完整地发表过。该体系首先根据植物是乔木、灌木、亚灌木还是草本植物来划分，就像泰奥弗拉斯托斯那样；然后根据它们果实的形式来划分。[8]在牛津，莫里森有机会实现他建立一个通用分类系统的雄心壮志，但后来因他的赞助者奥尔良公爵（Duke of Orléans）于1660年去世而受挫。现在，关于《普通草本植物志》的研究工作可以正式开始了。

尽管莫里森是国王的植物学家，但他的报酬并不高，所以莫里森在别处寻找他的项目资金。[9]为了激发人们的热情，他在1672年出版了《伞形植物新分布》，这是一本关于胡萝卜家族成员的对开卷。除了详细的植物描述外，还有一些图表显示了他所定义的植物类群的相似之处，以及12页由未具名艺术家绘制的铜版插图。每块铭牌的雕刻都是由大学和学院的资深成员赞助的，比如莫里森被任命时的副校长、未来的牛津主教约翰·法尔（John Fall），以及罗伯特·索斯，这位大学演说家在谢尔登剧院开幕时表达了他对皇家学会的怀疑。[10]这本书揭示了他雄心勃勃的计划。他希望他的《植物志》分为三部分：第一部分包括木本植物，而第二和第三部分则集中在草本植物上。他从第二部分开始，在他看来，这是计划中最复杂的部分，因为他想确保如果他在项目完成之前去世，那么项目不会由一个“不称职的人”完成。[11]

◀ 牛津大学副校长彼得·缪斯（Peter Mews）赞助的铜版版画。展示了罗伯特·莫里森的第一本出版的分类学专著《伞形植物新分布》（*Plantarum Umbelliferarum Distributo Nova*，1672）中的果实比较

1675年，在一份“给贵族、绅士和其他人的提案”中，莫里

森要求订阅者每人给他5英镑，以支持《植物志》的制作。作为回报，他们将得到“荣誉纪念……在各自的铭牌上雕刻他们的纹章（正如前文《伞形植物新分布》中对其他人所做的那样，就像现在手边的五个部分中的一百个铭牌一样）”，一份最终印刷本，当他们支付订阅费时，还有“一份他的伞形花标本”。[12]他有“美好的希望，在慷慨的帮助和鼓励下，他将能够给好奇的人们带来极大的满足”。这些印版保存至今，收藏于博德莱恩图书馆。事实证明，雕刻这些印版的成本远远超过筹集的资金。[13]

莫里森在世时只完成了 1680 年出版的《植物志》第 二 部分。第三部分由莫里森的门生小雅各布·博巴特完成，他是少数采用莫里森的分类系统的人之一，尽管形式有所修改，并于1699年出版。但第一部分从未出版过。《植物志》作为一种植物多样性的图解目录从来没有被人们认识到。

莫里森的分类体系很快就被他同时代的埃塞克斯博物学家约翰·雷的分类体系所取代。雷的《植物新方法论》（*Methodus Plantarum Nova*，1679）在莫里森去世前一年出版，并最终成为他三卷本巨著《植物志》（*Historia Plantarum*，1686—1704）的基础。在莫里森的分类系统出版后，博物学家提出了许多反对的理由。其中包括他在整个系统发表之前就去世了，他与约翰·雷的糟糕关系，以及他拒绝承认自己对早期植物学家的亏欠，特别是对16世纪意大利植物学家安德里亚·塞萨皮诺（Andrea Cesalpino）的亏欠。[14]

莫里森的分类系统几乎被忽略了，尽管植物学家如威廉·谢拉丹、理查德·理查森和爱丁堡植物园联合创始人罗伯特·西伯德等使用了莫里森给植物取的一些名字。[15]对于植物学来说，最重要的是，在18世纪下半叶，林奈在他的《植物种志》中使用了莫里森的名字，尽管在林奈看来，莫里森“遵循着自然的线索，将自己的阿里阿德涅之线绑成戈尔迪亚之结，而只有用剑才能解开”。[16]在给瑞士植物学家阿尔布雷希特·冯·哈勒（Albrecht von Haller）的一封未注明日期的长信中，林奈进一步指出：

> 莫里森虚荣自负，……然而，他复兴了这个奄奄一息的体系，却得不到足够的赞扬。如果你仔细翻看图尔内福的作品，你会很容易地承认他对莫里森的感激之情……莫里森所有的优点都来自卡萨尔皮努斯，他在卡萨尔皮努斯的指导下，追求自然的亲缘关系，而不是自然的本性。[17]

然而，莫里森最持久的科学贡献不是《植物志》，而是《伞形植物新分布》，他在《伞形植物新分布》中详细分析了一组从分类学角度定义的植物——胡萝卜科。他为植物学分类专著奠定了基础，即收集、批判性审查和综合了关于一组离散植物的所有知识。

专著

在莫里森的《伞形植物新分布》出版后，约翰·迪勒尼乌斯成为即将完成下一部专著的牛津植物学家，尽管是在他以谢拉丹植物学教授的身份来到牛津两年前完成的。在1732年出版的《埃尔特姆植物园》（*Hortus Elthamensis*）一书中，迪勒尼乌斯记述了一组名为“日中花属”（*Mesembryanthemum*）的63种已知的非洲肉质植物的成员；今天，它们被划分为番杏科（*Aizoaceae*）的不同属。1724年，由迪勒尼乌斯起笔的《埃尔特姆植物园》，描述了18世纪早期富有的药剂师詹姆斯·谢拉丹在肯特郡埃尔坦种植的外来植物。在八年的时间里，迪勒尼乌斯绘制并雕刻了325个对开本大小的铜版，描述了418种植物。他对自己花在这个项目上的时间感到不满，并且不得不在谢拉丹的要求下让它看起来“更壮观”。[18]谢拉丹反过来抱怨说，迪勒尼乌斯主要关心的是“丰富植物学知识”，而不是宣传他的植物园奇观。[19]

尽管受到来自雇主的压力，迪勒尼乌斯还是成功地创作了一部18世纪园艺的经典作品，[20]这部作品至今仍然是一种现代植物学资源。高质量的分类学专著在作者去世后很长一段时间内仍然具有科学意义。

1736年，卡尔·林奈到牛津拜访迪勒尼乌斯。两人的初次会面是出了名的冷淡，不过此后二人一直保持着定期的联系，直到迪勒尼乌斯去世。迪勒尼乌斯给林奈送去了一份《埃尔特姆植物园》，近90%的《埃尔特姆植物园》铭牌在林奈的《植物种志》中被引用。[21]事实上，超过一百个铭牌属于分类类型。类型是人们首次描述新物种名称时使用的对象，在描述新物种之前，必须对模式标本进行检查。此外，其中许多图像的模型都是保存在牛津大学标本馆的标本。

在现代，弗兰克·怀特于20世纪50年代在牛津建立了专门的植物学研究方法，尤其是在柿科（*Ebenaceae*）中。[22]20世纪70年代，大卫·马伯里开始撰写专著，研究楝科（*Meliaceae*）的属，21世纪罗伯特·斯科特兰撰写了关于番薯属（*Ipomoea*）的最全面的专著。[23]与莫里森和迪勒尼乌斯的个人专著不同，牛津大学后来的专著作者或多或少都与博士后研究人员和研究生团队合作。此外，这些研究小组还与世界各地的研究人员、藏品馆馆长和实地工作者进行合作。牛津大学——以及个别学者——成为更广泛的地区和全球分类学研究社区的一部分。

约翰·迪勒尼乌斯的“低等植物”

约翰·迪勒尼乌斯被称为“英国苔藓学之父”，在他成为第一任谢拉丹植物学教授之前，三部分类学著作就已经奠定了他在植物学上的声誉。1718年出版的《吉森附近自然起源的植物名录》（*Catalogus Plantarum Sponte Circa Gissam Nascentium*）记载了生长在黑森州吉森镇周围的1 300多种植物（包括苔藓和真菌）。此类内容表明他可以出版《植物志》（*Floras*），也就是关于生长在特定地理区域的植物的书籍。他编辑了约翰·雷的《不列颠植物纲要》（*Synopsis Methodica Stirpium Britannicarum*）的第三版，这次经历让他对分类系统了解得更加深刻。在专题著作方面，他关于《埃尔特姆植物园》的工作是其中的一个例子。

▶ 1799年，约瑟夫·施塔德勒（Joseph Stadler）根据菲利普·雷纳格尔（Philip Reinagle）的油画原作制作了这幅水彩画。在罗伯特·桑顿（Robert Thornton）的《花之神殿》（*Temple of Flora*，1807）中，来自墨西哥和中美洲北部的由蝙蝠授粉的异型朱缨花（*Calliandra houstoniana var. anomala*）被错误地与蜂鸟和牙买加联系在一起

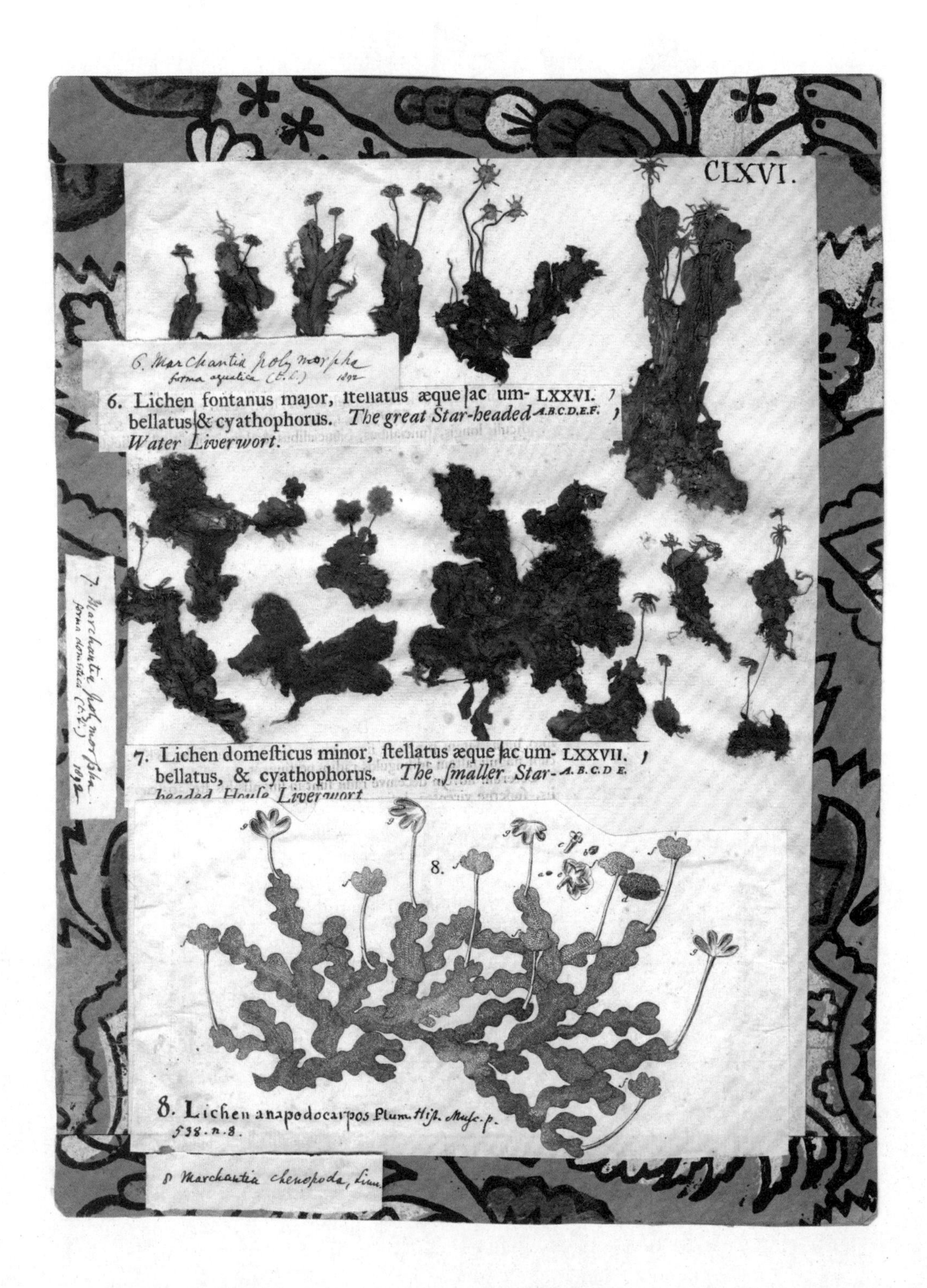
CLXVI.
6. Marchantia polymorpha forma aquatica (C.L.) 1892
6. Lichen fontanus major, ſtellatus æque ac umbellatus & cyathophorus. The great Star-headed Water Liverwort. LXXVI. A.B.C.D.E.F.
7. Marchantia polymorpha forma domestica (C.L.) 1892
7. Lichen domeſticus minor, ſtellatus æque ac umbellatus, & cyathophorus. The ſmaller Star-headed Houſe Liverwort. LXXVII. A.B.C.D.E.
8.
8. Lichen anapodocarpos Plum. Hiſt. Muſc. p. 538. n. 8.
8 Marchantia chenopoda, Linn.

在牛津，迪勒尼乌斯重新对“低等植物”产生了兴趣，即苔藓、地衣和藻类，他“不知疲倦地发现并整理了这些植物”。[24]年轻时，他曾试图解释苔藓是如何繁殖的。[25]在牛津大学，他出版了他最有独创性的科学著作《苔藓志》，但这本书在他有生之年销量不佳。[26]在576页的拉丁文文本和85幅由他自己绘制和雕刻的图版中，迪勒尼乌斯尝试了一些以前从未做过的事情：他处理了围绕着“低等植物”的名称混乱的局面。小博巴特为莫里森的《植物志》（*Historia*，1699）所做的工作只是制造了混乱，这是因为人们难以使用大体的形态特征可靠地区分物种。

迪勒尼乌斯收集了许多英国标本，合作者还从德国、荷兰、波兰、俄罗斯、瑞典、格陵兰岛、卡罗莱纳州、宾夕法尼亚州、弗吉尼亚州、牙买加和巴哈马，甚至巴塔哥尼亚给他寄来了样本。他还收录了所有可供他使用的植物标本馆标本，并毫不犹豫地从大学收藏中取出感兴趣的标本，将其添加到他的个人标本馆中。[27]迪勒尼乌斯利用手边的设备仔细检查了这些标本，试图使他所看到的与文献中所报道的保持一致。有600多种植物被记载在《苔藓志》中。迪勒尼乌斯的远见卓识，将这些描述与他个人的植物标本馆标本联系在了一起，对《苔藓志》的长期重要性做出了贡献，尤其是对全球地衣的研究。

◀ 约翰·迪勒尼乌斯在撰写《苔藓志》（*Historia Muscorum*，1742）时使用的地衣标本馆标本。今天，该属植物被用作研究发育生物学的模式植物

林奈似乎并没有在他的《植物种志》中批判性地研究“低等植物”，而是大量使用了迪勒尼乌斯的《植物志》。因此，林奈的作品受到了批评，因为迪勒尼乌斯在划分类群（属）时存在“模糊和不确定性”[28]。就苔藓而言，正是德国植物学家约翰·海德薇（Johann Hedwig）在18世纪晚期的工作构成了现代苔藓命名系统的基础，虽然他所选择的特征“非常小，需要相当强大的显微镜帮

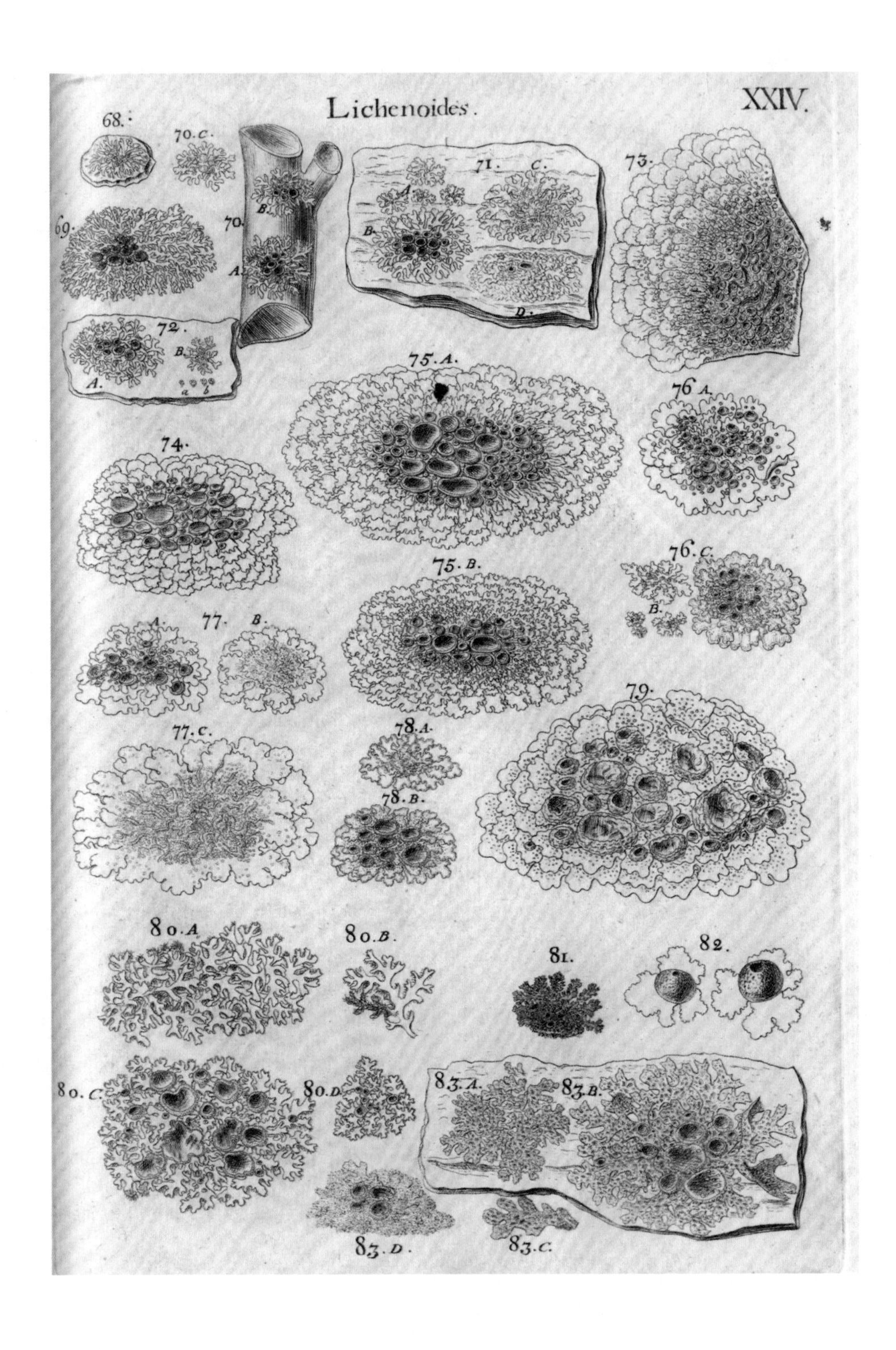
Lichenoides.
XXIV.
68.
70.C.
69.
70.
B.
A.
71.
C.
A
B.
D.
73.
72.
B.
A.
a b
75.A.
76 A.
74.
75.B.
76.C.
B.
A.
77.
B.
79.
77.C.
78.A.
78.B.
80.A
80.B.
81.
82.
80.C.
80.D.
83.A.
83.B.
83.D.
83.C.

助才能精确地检查和计数”。[29]迪勒尼乌斯和林奈没有这样的设备。

林奈对迪勒尼乌斯的分类学工作给予了高度评价。他把他的《植物学批判》（1737）献给了迪勒尼乌斯，并说“除了迪勒尼乌斯，英国没有人了解或思考属的问题”。[30]

威廉·谢拉丹的植物名录

到了16世纪晚期，自然哲学家们已经为他们研究的植物发表了成千上万个互不相关的名称，混乱和矛盾一直存在。瑞士植物学家卡斯帕尔·鲍欣（Caspar Bauhin）开始了一项长达40年的艰苦工作，他要把这些名称提炼成大约6 000个物种及其同义词，收录在当今全球植物名录在线版（World Flora Online）的前林奈版本中。[31]鲍欣的《植物界纵览》（*Pinax theatri botanici*，*1623*）的出版对于17世纪准确、科学地交流植物至关重要。它为回答地球上有多少植物物种的问题提供了一个基础。到17世纪晚期，鲍欣的《植物界纵览》已经不敷使用，需要进行修订。

巴黎的约瑟夫·皮顿·德·图尔内福认为威廉·谢拉丹具备进行这样一次修订的知识和能力。[32]谢拉丹的《纵览》是基于鲍欣的《纵览》而编辑的，他在其中添加了新的同义词和参考文献，并插入了新的物种名称。未发表名称来源的注释与从欧洲各地的植物园中收集或看到的植物名称核对比较。当谢拉丹和他的合作者在欧洲植物收藏中搜索新的植物名称，并试图确定它们是新的还是仅仅是现有名称的同义词时，鲍欣的原始收录中已经增加了数千个名称。

▲ 约翰·迪勒尼乌斯根据自己的《苔藓志》插图制作的苔藓铜版版画

Gnaphalium montanum, purpureum Ac. R. Par. ico.

* Elichrysum montanum flore rotundiore, subpurpureo, suave rubente & candido; item Elichrysum montanum longiore folio & flore, purpureo & albo [illegible] Dill. Cat. Giss. 160. non enim specie, sed sexu tantum differunt

Hispidula Schwed Lib. 4. Class. 1. Gnaph. mont. flore suave rubente Munt.

Gnaphalium flore albo & rubro Rehf. Nod. 35. Cult. 437.

Gnaphalium montanum flore rubro & purpurascente Merr. Pin.

Lagopus 2. Hasenpfoetlein Trag. L. 1. C. 88. p. 286. & C. 109. p. 331. 332. (fig. bon.) flore candido, subpurpureo & roseo. Gnaph. Sylvestre flore purpureo Vess. H. Pat.

Auricula muris 4. seu Hasenpfoetlein eid. L. 1. C. 93. p. 279.

Gnaphalium minus album Schwenckf. Cat. 88.

Gnaphalium montanum flore rotundiore albo Kyll. Vir. Dan. 57.

Elichrysum montanum flore rotundiore candido Inst. r. h. 453. Vaill. Comm. Ac. R. Sc. Ann. 1719. p. 293. n. 33.

Boerh. Ind. alt. 120.

Gnaphalium montanum flore rotundiore, candido C. B. Pin. 263.

Gnaphalium Alpestre flore albo Vess. Hort. Cat.

Gnaphalium montanum album Lob. icon. 482. Tab. Hist. lib. 2. 109. icon. 391. Gnaph. montan. flore albo Munt. Cult. 437.

Gnaphalium montanum flore rotundiore suave rubente Kyll. Vir. Dan. 57.

Elichrysum montanum flore rotundiore, suave rubente Inst. r. h. 453. Vaill. Comm. Ac. R. Sc. Ann. 1719. p. 294. variet. spec. 33.

Gnaphalium montanum ~~flore rotundiore~~ suave rubens Lob. icon. 483. [illegible] Eyst. ord. 3. pl. vern. 16. Tab. Hist. lib. 2. 109. icon. 392. Gnaphalium minus suave rubens Schwenckf. Cat. 88.

Gn. mont. folio & flore longiore Tab. 333. & ejus pappus seorsim [illegible]

Gn. mont. flore rotundiore suave rubens [illegible] Tab. 333. [illegible]

Elichrysum montanum, flore rotundiore variegato Inst. r. h. 453. Vaill. Comm. Acad. Sc. Ann. 1719. p. 294. var. sp. 33. Boerh. Ind. alt. 120.

Gnaphalium montanum, variegatum Eyst. ord. 3. pl. vern. 16. f. 9. 2 & 3. Gnaph. mont. folio rotundiore variegatum Vir. Ref. t. 333. (ex Eyst.)

Gnaphalium montanum, fl. variegato, nostrum Chlor. Goth. Fl. Weisbarg.

variegatum proprie non est, verum duae plantae mas et foemina [illegible] apposita [illegible] flores varios, non variegatos proprie, proferrent.

pulchrius expressus denuo Tab. 347. exhibetur forma majore [illegible] ex [illegible] Bry. & Mert. t. 100.

Gnaph. Alpinum [illegible] folio, flore [illegible] composito tubuloso [illegible] M. Bat. 22.

Cowll. Cat.

= Hist. pl. Ag. saxt. ico.

* Gnaphalium montanum, fl. candido, longiore Ac. R. Par. ico.

nudum Swer. Cat.

Gnaphalium montanum elatius, fl. oblongis, amoena purpureis, Morison pl. Hist. 91.

Elichrysum montanum, longiore et folio et flore suave rubente suppl. Fl. Pruss. Vaill. Comm. Ac. R. Sc. Ann. 1719. p. 294. varietas speciei 34.

* Elichrysum montanum, longiore et folio et flore subpurpureo suppl. Fl. Pruss.

naphalium montanum flore rotundiore.
us secundus, Trag.
la muris, Lonicer.
lla minor, Fuch. Dod. gal. Lugd. Thal. 83
iron Hippocratis, Gef. animal.
alij genus, Gef. col.
alium montanum purpureum & album,
b. Tab. Ger.
alium montanum fuaverubens, &
alium montanum variegatum, Eyst.
iat floribus candidis, fubpurpureis, ro-
candido & rubro mixtis.

Gnaphalium montanum longiore & fo-
ore, C.B. Pin. 263.
alium montanum purpureum, & fuave-
Lob. ico. Tab. Ger.
alium montanum Dalechampij, Lugd.
la minor, Dod. Clus. hist. 334.
at ut prior floris colore; hinc duæ ico-
d Lob. Tab. Gerard.

◀ 威廉·谢拉丹的《纵览》（*Pinax*）中的此前被广泛传播的经典页面，以及鲍欣的《纵览》的剪报，周围是谢拉丹（Sherard）和约翰·迪勒尼乌斯的批注出版《纵览》这个项目占据了谢拉丹生命的最后几十年，以及迪勒尼乌斯和他的继任者汉弗莱·西布索普后来的职业生涯。随着西布索普的离世，该项目于1797年一并终止，至今仍未完成，也没有出版。这6 215页密密麻麻的《纵览》手稿是谢拉丹开始的西西弗式任务的证明。[33]事后看来，牛津大学植物学家半个世纪以来对谢拉丹《纵览》的投入，分散了他们对欧洲其他地区植物学发展的注意力。同义词的问题和植物物种数量的确定仍然是现代植物学家面临的问题。[34]

植物插图艺术

植物学插图——对植物或植物部分进行详细、科学、准确的描述在世界范围内的大学和研究机构的植物研究介绍中一直处于中心地位。最优秀的植物学艺术家与植物学家密切合作，他们的才华相互补充、共同促进。18世纪，约翰·迪勒尼乌斯是他自己出版物的艺术家和雕刻师。20世纪早期，植物学讲师亚瑟·哈里·丘奇（Arthur Harry Church）凭借其非凡的艺术才华，为自己的出版物和本科生课程做插图。[35]在现代，牛津大学植物学领域最多产、任职时间最长的艺术家是罗斯玛丽·怀斯。在长达50多年的职业生涯中，罗斯玛丽为几代植物学家的学术出版物绘制了超过14 000种植物的图片，其中许多植物学家在担任国内和国际职务之前曾在牛津接受培训。[36]

与牛津植物学有关的两位最著名的植物学家是乔治·狄奥尼修斯·埃雷特（Georg Dionysius Ehret）和费迪南德·鲍尔。两人都先后与汉弗莱和约翰·西布索普有过紧张的工作关系，后来都在牛津大学以外的地方建立了自己的声誉。埃雷特于1750年被短暂聘为植物园主管，他具有双重身份，既是植物园历史上任职时间最短的负责人，也是唯一被解雇的负责人。[37]无论是作为园丁还是艺术家，他都没有在牛津大学留下任何印记。

相比之下，鲍尔于1787年底与约翰·西布索普一起来到牛津，将他在地中海东部探索期间绘制的草图变成了世界上最好的植物插图。在约翰去世后，这些水彩画最终以《希腊植物志》的形式出版，这是有史以来最稀有、最昂贵的植物学书籍之一。[38]

在牛津，鲍尔可能住在考利楼西布索普家的仆人宿舍。他们相互尊重对方的才能，但这并没有掩盖这两位天才之间的敌意。然而，鲍尔是一名专业人士，受雇于西布索普从事植物水彩画创作，因此他不得不适应。他的工作是把一页页密密麻麻的铅笔素描变成水彩画，这些素描周围环绕着代表颜色的数字云团。在牛津大学的六年里，鲍尔完成了966幅真人大小的植物水彩画、248幅对开本大小的动物水彩画和7幅对开本大小的植物水彩画。

鲍尔会将他的草图转移到画纸上，然后根据颜色编码，使用有限的调色板上的颜料涂上纯色。[39]在没有助手的情况下，除了制作最终的水彩画之外，他还需要自己准备纸张、研磨颜料并进行混合。机械而单调的描述无法体现鲍尔艺术的纯粹品质以及他工作时的细心和精确。到1792年6月11日，他已经完成了近1 000幅植物水彩画，其中一些是根据他五年前画的只见过一次的植物草图绘制的。他平均每一天半完成一幅水彩画。

在《希腊植物志》漫长的出版过程中，鲍尔水彩画的准确性通过了许多著名植物学家的详细审查，包括詹姆斯·爱德华·史密斯、大英博物馆植物部第一位管理员罗伯特·布朗和伦敦大学学院植物学教授约翰·林德利等。任何微小的错误都可能反映出西布索普没有像他应该做的那样进行严格的监督工作。鲍尔的方法依赖于出色的实地草图和数字代码来表示颜色。这些工具，加上他自己与生俱来的能力，使他能够在严格的科学框架内创作出真正杰出的自然历史水彩画。[40]

西布索普于1796年去世后，根据其遗嘱的内容，出版《希腊植物志》的工作开始了。西布索普意识到对一个项目只有热情是不够的。他深知，莫里森和迪勒尼乌斯在资助他们的研究在牛津发表时所面临的困难。因此，他在遗嘱中留下了完成出版的资金，并激励大学确保完成这一工作：只有在《希腊植物志》出版并令其遗嘱执行人满意后，才会为农村经济学教授提供资金。

詹姆斯·爱德华·史密斯在牛津大学完成了西布索普野外笔记的整合工作。因为这些笔记书写潦草，用劣质墨水写在劣质纸张上，加上没有标签的标本、草图、水彩画和草稿，所以这是一项艰巨的任务。为了使这份手稿适于出版，史密斯不得不进行大量的整理和初步研究，这导致了关于《植物志》和主要科学著作《希腊植物志初编》（*Florae Graecae Prodromus*，1806—1816）的作者身份的争论。以上，所有的工作都发生在牛津以外的地方。西布索普去世后，原始材料离开了牛津，直到1840年才归还。

尽管与出版有关的争论不断，但《希腊植物志》首次命名和描述了地中海东部的数百个新物种。然而，当它出版时，植物分类的科学已经向前发展，书中使用的林奈性别系统是多余的。今天，《希腊植物志》以其奢华的出版和以鲍尔的水彩画为基础的手工着色的华丽而闻名，艺术家已经让植物学家黯然失色了。

廉价的植物群

《希腊植物志》是一本关于一个地理区域内的植物的书，在各类植物志中属于一个经典的范例。在18和19世纪，欧洲各地定期出版插图丰富的大画幅《植物志》。[41]此类作品并非针对“卷心菜种植者，而是针对那些最精致优雅的读者”。[42]然而，这种“昂贵的表演”却招来了非议，因为“只有那些既喜欢上流艺术，又有能力纵情其中的人才会欣赏这种表演，对于公共图书馆来说，它们是一个国家稀奇异物的档案”。[43]具有讽刺意味的是，西布索普在地中海东部之旅中穿越意大利时，曾抱怨难以获得大量植物学的出版物，事实证明，《希腊植物志》就是其中之一。[44]牛津大学的植物收藏如此丰富，得益于私人收藏家的慷慨解囊，如约翰·西布索普、查尔

▶ 德国鸢尾（*Iris germanica*）的水彩铜版画。基于费迪南德·鲍尔的实地草图，于1788年至1792年在牛津完成

Iris germanica.

斯・道本尼、西德尼・瓦因斯和乔治・克拉里奇・德鲁斯。

德鲁斯本人是一种完全不同类型的植物群的狂热爱好者。这些植物群并没有充斥大量的插图，而是有丰富的文本，通常写得很密集，重点关注当地植物分布的细节。[45]在过去的50年中，它们通常带有植物学特征，以帮助识别、鉴定植物，还附有详细的物种分布图。

在英国，这些作品起源于雷的《剑桥郡植物名录》（1660），这是一本关于剑桥郡周围植物的目录。[46]以雷的著作形式出版的第一本《牛津郡植物志》（*Flora of Oxfordshire*）是约翰・西布索普（John Sibshorp）一生中出版的唯一一部作品。马格达伦学院的院长理查德・沃克（Richard Walker）于1833年出版了第一本英文版的《牛津郡及其毗邻郡植物志》（*The Flora of Oxfordshire and its Contiguous Counties*），但由于对细节的忽视，该书遭到了后来研究者的大量批评。[47]

德鲁斯的《牛津郡植物志》的两个版本（1886年版和1927年版）是英国维多利亚时代和爱德华时代牛津郡植物志的典范。基于德鲁斯对牛津郡植物群的个人知识和他对先前植物学探索的广泛了解，它们记录了整个郡物种的微小分布。它们也是独一无二的。按照现代标准，德鲁斯在整个郡的记录偏向于他特别感兴趣的物种或地区。对大多数研究人员来说，出版一个郡的《植物志》是一辈子的工作，制作两个截然不同的版本是了不起的，为另外三个郡（北安普敦郡、伯克希尔郡和白金汉郡）撰写《植物志》也是非同寻常的。最近的郡植物志《牛津郡植物志》（1998）是自然环境研究委员会植物学家约翰・基里克、牛津大学培养的密码学家罗伊・佩里和斯坦・伍德尔（Stan Woodell）数十年研究和合作的产物，斯坦・伍德尔曾担任植物学系讲师，也是伯克郡、白金汉郡和牛津郡野生动物信托基金会的创始成员。

牛津大学的藏品有助于我们了解英国植物，并有助于制作国家植物志。然而，直接参与覆盖整个英国的植物志项目是有限的。迪勒尼乌斯对雷的《不列颠植物纲要》（*Synopsis Methodica Stirpium Britannicarum*）的修订成了未来50年英国植物的标准描述。威廉・巴克斯特的《英国显花植物》（*British Phaenogamous Botany*，1834—

1843）及其详细的物种描述，虽然有一个良好的开端，但没有完成。1953年，克拉珀姆、图廷和瓦尔堡的《不列颠群岛植物志》（*Flora of the British Isles*）第一版（1962年和1987年出版后续版本）出版，它成为20世纪余下时间英国植物群的标准描述。亚瑟·罗伊·克拉帕姆和埃德蒙·弗雷德里克·沃伯格与牛津大学的植物学有着直接的联系。从20世纪30年代到40年代中期，克拉帕姆在谢拉丹植物学教授亚瑟·坦斯利手下担任教学职务，为坦斯利的开创性著作《不列颠群岛及其植被》（*The British Islands and their Vegetation*，1939）做出了贡献，并且是“生态系统”一词的创始人，这个词常被认为是坦斯利发明的。[48]从20世纪40年代后期开始，沃伯格曾在植物学系担任菲尔丁和德鲁斯植物标本馆馆长，在那里他是一名优秀的教师和野外植物学家。

在20世纪，植物学系研究人员的工作并不局限于英国植物群。通过对国家植物群进行细致的分类，约瑟夫·伯特·戴维和弗兰克·怀特等研究人员在对非洲植物群的理解方面取得了根本性进展。同样，其他牛津大学的研究人员也为美洲和亚洲植物群的汇编做出了贡献。与《希腊植物志》这样的巨著不同，这些地方和国家植物群不是图书馆书架上的装饰品，预计它们会变得破损和陈旧，因为它们被各种各样的人用于各种各样的实际用途。大卫·马伯里的《植物书》（*The Plant-Book*）体现了一本对所有人都开放的植物学参考书的理想，该书于1987年首次出版，目前已发行至第四版。

牛津大学植物学家对命名、描述和分类全球植物这一任务的贡献是断断续续的。莫里森在17世纪中期低调地支持植物学专著，这是对前几个世纪草药传统的一次突破。迪勒尼乌斯在牛津的工作让人们想到了“低等植物”。相比之下，西布索普留下的《希腊植物志》则更显复杂。一方面揭示了西布索普的不足之处，但另一方面版画的质量以及近60年后项目的完成，也凸显了他选择合适的合作伙伴的能力。德鲁斯对牛津郡植物群的全面研究在今天仍然能引起很多人共鸣，因为他揭示了植物基础生物学数据的重要性，特别是在理解植物生物学和进化方面想要取得进展的情况下。通过吸收植物科学其他领域的进展，牛津大学的分类学研究重新赢得了国际声誉。

小雅各布·博巴特（1641—1719）[49]，他出生于牛津，是老雅各布·博巴特及其第一任妻子玛丽的长子。小博巴特40岁以前一直在植物园为父亲工作，后来接替父亲担任主管。到1691年，他在牛津变得焦躁不安，并向切尔西植物园示好，但没有任何结果。[50]

小博巴特在英国和欧洲游历甚广，备受学者和园丁推崇，在那里他拥有广泛的交际圈子。一位到植物园参观的游客认为，他的外表既不符合他在园艺方面的修养，也不符合他的学术声誉：

> 他长着一个特别尖的长鼻子，小眼睛深深地嵌在头上，一张几乎没有上嘴唇的歪嘴，一侧脸颊上有一道又大又深的疤痕，他的整张脸和双手都又黑又粗糙，就像最刻薄的园丁或工人的脸和手一样。[51]

作为一个爱恶作剧的人，他的成名之作是把一具老鼠的身体做成了一条龙。[52]

1683年莫里森遇难时，博巴特承担了他的教学和学术职责，但没有教授头衔。1699年，博巴特完成了莫里森《植物志》的第三部分。[53]在17世纪80年代，他与年轻的威廉·谢拉丹建立了终生的友谊。在博巴特去世前几个月，谢拉丹抱怨大学对待一名忠实的仆人的方式："他们（大学）应该让他在植物园里度过余下的短暂时间。"[54]小博巴特和他的父亲一起以蔺鸢尾属被人纪念。

罗伯特·莫里森（1620—1683）[55]，他在阿伯丁出生并接受教育。1644年，他在苏格兰为保皇党事业而战时受重伤，后来逃到法国学习动植物学，最后于1648年在安格斯大学获得医学学位。

莫里森引起了法国国王的植物学家的注意，他把莫里森推荐给了奥尔良公爵加斯顿的家人。莫里森在布卢瓦的公爵花园工作，在那里他发展了关于植物分类的想法，并四处旅行，寻找新的物种来装饰公爵的花园。正是在为加斯顿工作期间，莫里森遇到了未来的查理二世。

查理二世重登王位后，任命莫里森为皇家医生和植物学教授。1669年，莫里森被选为牛津大学植物学钦定教授，这是英国大学中第一个这样的职位。莫里森对现行植物分类系统不满的第一个迹象是出版了《植物学序论》，紧随其后的是《伞形植物新分布》，以上这两本可以看作大型插图作品《牛津植物志》的简介。

莫里森在1680年才看到这部作品的第二部分出版。他在伦敦的一次交通事故中丧生。他去世后，大学失去了一位能干且受欢迎的植物学教师，他的角色由小博巴特部分地填补了。莫里森的教授职位50多年没有被取代。人们用鼠柑属（*Morisonia*）来纪念他。

约翰·迪勒尼乌斯（1684—1747）[56]，他是皇家学会会员，出生于德国达姆施塔特，母亲是牧师的女儿，父亲是吉森大学的医学教授。迪勒尼乌斯年轻时行医，但到18世纪10年代后期，他已成为一名才华横溢的植物学家。[57]1718年出版的《吉森附近自然起源的植物名录》引起了植物学家威廉·谢拉丹的注意，谢拉丹说服他于1721年移居英国。谢拉丹需要迪勒尼乌斯的帮助来整理他的植物标本馆并编辑他的植物名录。谢拉丹的弟弟詹姆斯，希望迪勒尼乌斯为他在肯特郡埃尔塔姆的植物园里种植的珍稀植物编制一份图文并茂的目录。[58]迪勒尼乌斯全身心地投入植物学研究中。

迪勒尼乌斯在伦敦完成的作品是雷的《不列颠植物研究法总览》（*Synopsis Methodical Stirpium Britannicarum*）的第三版，为他在余下的23年中出版的所有作品设定了一个很高的标准。当谢拉丹最终决定在这所大学设立植物学教授时，他的一个要求是第一位教授必须是迪勒尼乌斯。尽管迪勒尼乌斯担心大学和詹姆斯·谢拉丹会剥夺他的职位，但他最终还是在1734年成为第一任谢拉丹植物学教授。他有一个植物园和一个他非常熟悉的植物标本馆，同时迪勒尼乌斯在业界交游广泛，还取得了一个很好的声誉。他在任期内充分利用了这些资产，为未来担任该职位者设定了很高的标准。

迪勒尼乌斯死于中风。作为一个谦虚的人，他并不在乎自己在牛津大学的职位所带来的虚荣感受，他是第一位也是最后一位在任职期间发表重要分类学研究成果的谢拉丹植物学教授。在他的一生中，迪勒尼乌斯被林奈尊称为*Dillenia*（五桠果属），这是热带树木的一个属，它有“最艳丽的花朵和果实，因为迪勒尼乌斯在植物学家中也是如此”。[59]

◀ 五桠果（*Dillenia indica*），以纪念约翰·迪勒尼乌斯而命名。出自柯蒂斯的《植物学杂志》（1857）中的手绘版画

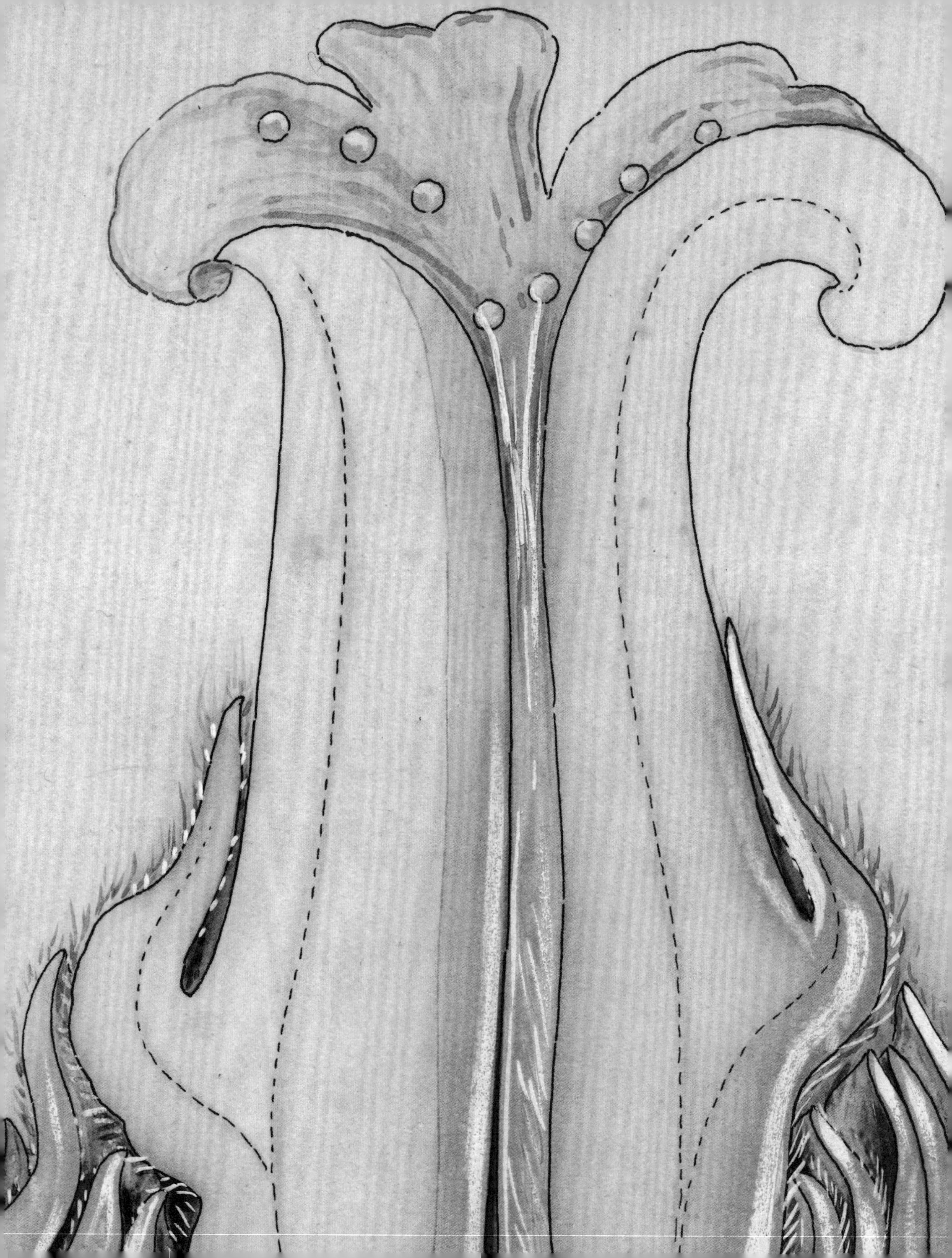

5 花

植物学实验

从17世纪中期开始，牛津大学植物学在两个多世纪中的零星活动主要与植物的编目和分类有关。当莫里森和博巴特夫妇努力进行分类时，自亚里士多德的哲学思考以来，植物生物学的概念几乎没有改变。植物通过根部获得土壤中的营养，而叶子只是保护嫩枝和果实免受阳光和空气的伤害；[1]花的作用被理解为产生果实和种子，但它在繁殖中的作用却模糊不清。普林尼对海枣（*Phoenix dactylifera*）果实生产的描述强调了雌雄树木的必要性，[2]虽然约翰·帕金森警告他的读者，“我希望你们能把这一点列入其他寓言故事中”。[3]尽管他发出了警告，但是人们还是普遍接受了枣树的情况，只是作为证明了这一规则的例外——植物不会以动物的方式繁殖。由于人们对性和性别没有清晰的理解，困惑无处不在，而关于植物和上帝本质的神学辩论也使这一问题变得更加模棱两可。[4]

约翰·雷对植物的形态学、生理学、生殖学、化学、生态学、人类植物学和病理学等方面的证据进行了批判性的研究，这在17世纪的牛津大学是前所未闻的。[5]雷强调了他在哪些地方接受了事实，在哪些地方有疑问，以及他将哪些证据纳入了他的分类系统中。即使在牛津大学，人们也开始提出一些关于植物生物学的基本问题，而不是通过分类来了解植物。

◀ 1925年，亚瑟·丘奇画的夏栎（*Quercus robur*）雄花（放大50倍）的细部（全图见第149页）

熊耳

熊耳（*Primula auricula*，耳叶报春）是一种典型的春季开花的高山植物，生长在基岩丰富的欧洲山脉。在16世纪，英国的园丁们第一次看到了熊耳。1648年，植物园种植了一种紫色的熊耳和一种紫色条纹的熊耳。到1658年，它已经长出九种熊耳，颜色包括黄褐色、黄色、猩红色、紫色和紫罗兰色等。[6]

老博巴特是一位著名的育种人，他的植物标本馆保存了大约十几种已命名的种类。1665年，熊耳被描述为“高贵的黄花九轮草（*P. veris*），近年来发现的许多优良品种使其备受推崇，这些品种在绿叶和花朵的大小、样式和颜色上都各不相同”。[7]在18世纪和19世纪，随着花商协会开始对它感兴趣，一些人逐渐沉迷于种植。上层阶级（或者更有可能是他们的园丁）和工人阶级培育这些植物，并利用出现的两种突变——一种是清晰的绿色，另一种是粉状的花环，发展出了成百上千个品种。[8]

19世纪早期，植物学家罗伯特·桑顿钦佩18世纪的花农——植物育种家和实验家如何将野生植物转变为园林花卉：“在野生状态下……没有吸引任何人注意到它的美丽……艺术成就了一切。”[9]瑞典植物学家卡尔·林奈则不那么欣赏他们：“这些人培养了一门自己特有的科学，其奥秘只有行家才知道，这些知识也不值得植物学家注意。因此，永远不要让有头脑的植物学家进入他们的行列。”[10]

博巴特夫妇还在17世纪的植物园里种植其他报春花品种。黄花九轮草和欧洲报春（*P. vulgaris*）可能是在当地采集的。牛唇报春（*P. elatior*）和粉报春（*P. farinosa*）一定是从英国其他地方引进的，而马斯报春（*Primula matthioli*）则可能是从欧洲引进的。[11]

查尔斯·达尔文（Charles Darwin）引起了科学界对报春花中发现的不同花型的关注，并创造出了示范物种，至今仍被用于包括牛津大学在内的英国各地的植物生物学教学。

▲ 耳叶报春。摘自罗伯特·桑顿的《花之神殿》（1807）。水彩画是由托马斯·萨瑟兰（Thomas Sutherland）根据菲利普·雷纳格尔的一幅原创油画创作的

植物汁液

1648年，后来成为皇家学会创始成员、切斯特主教奥利弗·克伦威尔（Oliver Cromwell）姐夫的约翰·威尔金斯成了瓦德姆学院的院长。他对自然哲学很感兴趣，并大力提倡用实验方法获取有关自然世界的知识。[12]在威尔金斯的支持下，罗伯特·胡克和尼希米·格罗夫（Nehemiah Grew）两人开始改变我们对植物功能的看法。其中一个领域是汁液在植物体内的运动。从17世纪中期开始，植物学家们就开始寻找可能与人体血液循环相当的系统，人体血液循环系统是由默顿学院的院长威廉·哈维（William Harvey）于1645年发现的。18世纪晚期，约翰·西布索普告诉他的学生们“生理学家们今后将通过实验获得更好的信息……会得到类似于哈维在《动物体循环》（*Animal Body of a Circulation*）中的发现”。[13]

1653年，基督教会的唱诗班牧师罗伯特·胡克成为威尔金斯的助手。他曾与大学里的罗伯特·博伊尔和克里斯托弗·雷恩以及刚刚起步的皇家学会合作，最终成为17世纪最重要的实验哲学家之一。[14]

胡克更感兴趣的是把植物作为研究主体，而不是将它们简单理解为有机体。他在英国皇家学会的第一份科学出版物《显微图谱》上发表了13幅植物学图像，展示了显微镜能够揭示植物内部的工作原理。胡克也被认为是将“细胞”这个词引入生物学的功臣。[15]

与胡克不同的是，尼希米·格罗夫医生主要对生理学感兴趣——植物生长、“进食”、移动和繁殖的方式。为了研究这个问题，格罗夫必须了解植物解剖学，在这方面他得到了威尔金斯的积极支持。1682年，格罗夫出版了他的巨著《植物解剖学》。格罗夫的想法基于“考虑到它们（植物和动物）最初出自同一只手，因此是同一种智慧的发明”。[16]在82幅精美的铜版版画中，他总结了茎、根、叶、花、果实和种子的结构。他的工作，连同意大利医生马尔切洛·马尔皮吉（Marcello Malpighi）的工作，为植物解剖学奠定了基础。

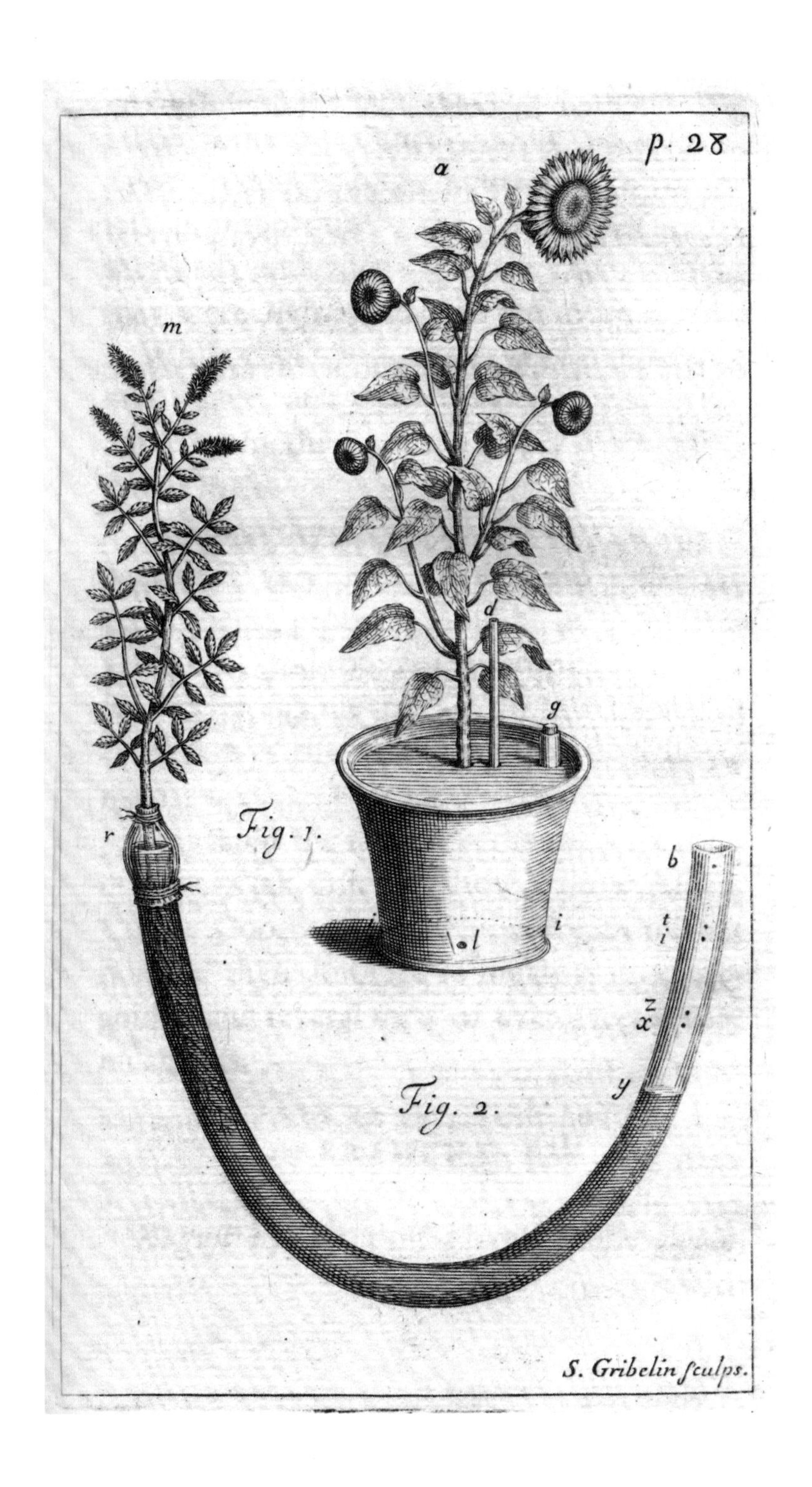

◀ 由特丁顿牧师斯蒂芬·黑尔斯（Stephen Hales）创作的《蔬菜统计》（1727），展示了水从植物根部流向嫩枝的过程。一个多世纪后，牛津植物学家首次对实验植物学表现出兴趣

格罗夫的继任者是斯蒂芬·黑尔斯，他因第一个测量血压而闻名。[17]黑尔斯于1733年以一名神学博士的身份与牛津大学建立了初步的联系。1715年左右，黑尔斯开始研究汁液在植物中的流动问题，他得出的结论是，叶片表面的水分蒸发足以让水分从土壤中向上移动。尽管黑尔斯对马和狗的活体解剖同样具有启发性，但对他的教众来说，他的植物实验更干净，也没那么痛苦。他的实验工作在这一时期是杰出的。他精确的实验、严密的逻辑推理和详细的数据展示——而不是基于有限的数据和经典权威的胡乱猜测——在《蔬菜统计》（1727）中表现得很明显。他为进行植物生理学实验和报告结果设置了一个很高的标准。作为植物生理学之父，黑尔斯看到了他的科学如何使实用农业受益。

相比之下，与植物园直接相关的植物学研究似乎很少关注这种发展。博巴特夫妇研究的重点是实用的园艺技能，例如嫁接，即每天都在使用有关植物汁液移动的隐性知识，或者专注于积累关于植物汁液对极端寒冷的反应方式的信息。[18]这些结果都没有在更广泛讨论植物生理学的背景下提出。

肥料

了解汁液如何在植物中移动是18世纪晚期植物学家感兴趣的众多植物生理学问题之一。植物营养的来源仍然存在争议。亚里士多德的观点认为，植物的营养物质是由土壤产生的，然后被输送到植物体内。这一观点与黑尔斯等实验主义者的观点形成了鲜明对比，后者认为植物至少有一部分养料是从空气中获得的。[19]雷观察到，叶子变绿需要光线，尽管制造大块玻璃的技术限制促使园丁坚持建造带有小窗户的温室，包括17世纪70年代的植物园的温室。[20]

18世纪下半叶，虽然西布索普夫妇担任谢拉丹植物学教授期间进行的两组特别重要的观察实验，对于理解植物从空气中获得的营养至关重要，却几乎没有得到植物园的认可。18世纪70年代，宗教异见者和氧气发现者约瑟夫·普里斯特利（Joseph Priestley）的研究表明，植物具有“恢复因燃烧蜡烛而受损的空气”的作用。[21]荷兰化学家詹·英格豪斯（Jan Ingenhousz）扩展了这些结果，表明光是植物释放氧气（光合作用）的必要条件，植物和动物一样，呼吸也需要氧气。[22]树叶是空气和光结合在一起制造植物食物的化学实验室，植物食物通过汁液在植物周围移动。

像博巴特夫妇这样的"实干家"完全知道粪肥的魔力。毕竟，他们的领域是靠牛津城镇居民和大学师生的膀胱、肠子、厨房和马厩里的东西建立和维护的。[23]然而，他们对土壤植物营养的探索与不同类型肥料的实际效益有关，新学院"办公室"里腐烂的内容物是植物园里首选的藤蔓肥料。[24]此外，在一个普遍信奉炼金术的时代，博巴特夫妇相信植物园的土壤可以将"番红花属"（*Crocus*）变成"唐菖蒲属"（*Gladiolus*），将"雪片莲属"（*Leucojum*）转变为"风信子属"（*Hyacinth*）。[25]更有趣的是罗伯特·莫里森关于不同种类的芸薹属植物的精彩讨论，以及他如何相信它们是在不同的土壤和不同的地方从一种变成另一种的。[26]

亨弗莱·戴维（Humphry Davy）在其《农业化学原理》（*Elements of Agricultural Chemistry*，1813）中开始研究肥料化学，但直到1834年查尔斯·道本尼当选谢拉丹植物学教授，他对土壤养分的实验兴趣才成为牛津大学植物学研究的一部分。与他的大多数前任和继任者不同，道本尼在担任谢拉丹植物学教授期间进行了他最重要的植物学研究。在一系列有影响力的实验中，他证明了不同颜色的光对各种植物产生氧气的影响，这些植物可能取自植物园。[27]不同的颜色是由光线穿过有色玻璃和有色化学物质溶液产生的：葡萄酒（红色）和硫酸铜的铵溶液（蓝紫色）。

到19世纪晚期，绿色植物从土壤中获得矿物质营养和水分，并通过光合作用获得有机化合物，这一点已经广为人知。这些过程的基本原理的发现花费了20世纪的大部分时间，其中牛津大学的植物学家也做出了贡献。分离参与这些过程的植物的细胞，了解生化和分子基础的细节，是当前植物科学系研究小组的主要工作。

西德尼·瓦因斯的研究为植物营养史提供了一个脚注。他的研究始于1876年，当时他是新成立的邱园乔德雷尔实验室（Jodrell Laboratory）的助理，并于19世纪90年代继续在牛津大学进行研究。瓦因斯证明了酶的存在，这种酶可以分解肉食性猪笼草属猪笼草中的蛋白质。[28]

道本尼与植物营养

直到19世纪下半叶，在牛津大学及其在剑桥的姊妹机构中，除了医学和法律之外，人们才开始关注那些可能具有实用价值的知识。[29]在18世纪晚期，约翰·西布索普把讲课的对象对准了那些对农业感兴趣但转而教授学术植物学知识而不是技术知识的人。大学里对植物生理学的初步研究也有类似的缺陷。施用肥料是园艺家的工作，这是一项实际任务，而不是一项涉及肥料如何影响单个植物物种的学术研究。[30]作为“农业科学原理的热心传播者”，[31]查尔斯·道本尼试图改变这一状况，并在英国将农业确立为一门科学学科。

当道本尼在1834年被选为第五任谢拉丹植物学教授时，他已经担任了一个享有盛誉的化学教授职位，尽管薪水微薄，但他在地质学和化学方面的研究和教学方面有着杰出的贡献。1840年，当他成为第一任西布索普农村经济学教授时，他在植物园拥有一席之地，并且拥有个人财富和知识技能，能够解决困扰了几代植物学家的植物营养问题。他还在植物园外建立了自己的化学实验室。[32]

通过最初在植物园里建立的对照田间试验，道本尼开始探索为什么在同一块土地上连续种植的作物随着时间的推移会减产。这个农民几千年前就知道的问题，一直以来是通过轮作来解决的。道本尼拒绝了传统观念，他认为这是由植物分泌的毒素引起的，这些毒素逐渐积聚在土壤中。通过测量产量变化和土壤中的矿物质含量，他揭示了植物在生长过程中会从土壤中去除必要的养分，[33]土壤中的一些养分对植物来说是可用的，而其他养分则是不可用的。道本尼是德国化学家胡斯特斯·冯·利比希（Justus von Liebig）观点的坚定拥护者，他认为土壤的有机成分对植物营养影响不大，重要的是矿物质的可用性。也就是说，如果土壤中有足够的矿物质，植物就可以从空气中获得所

▶19世纪中叶，第五任谢拉丹植物学教授查尔斯·道本尼的油画肖像。他改变了植物园的命运

需的氮。此时，农业科学家兼商人约翰・本内特・劳斯（John Bennet Lawes）在罗瑟斯特德庄园（后来的罗瑟斯特德试验站）进行的大规模田间试验开始显示氮肥对作物生产的重要性。[34]道本尼是19世纪少数几个在罗瑟斯特德或18世纪出现的农业协会之外工作的农业研究人员之一。[35]

目前还不清楚道本尼是否影响了劳斯关于农业肥料的想法。[36]劳斯于1833年入学，并在1835年参加道本尼讲座的学生名册上签字。据他自己的描述，他早在1834年就开始用肥料、过磷酸钙和盆栽植物进行试验。[37]劳斯本人曾说过："伊顿公学和牛津对那些爱好科学而非古典的人没有多大帮助，因此我早期的追求是非常杂乱无章的。"[38]

道本尼的实验有助于我们了解植物需要氮、磷和钾等营养物质，这些营养物质来自土壤。19世纪80年代后期，西德尼・瓦因斯对土壤、有益微生物和大气之间的相互作用在维持土壤生产力方面的基本作用进行了短暂研究。[39]通过对土壤微生物和大气气体的实验工作来提高植物生产力是当前植物科学系的一个重要研究方向。

道本尼在大学里为农业科学打下了基础，但这个基础在他去世后崩溃了，直到 20 世纪早期才重新建立起来。在道本尼时代，用于土壤改良的氮和磷的主要来源是南美洲的鸟粪。主要的鸟粪交易商是安东尼・吉布斯父子公司（Antony Gibbs & Sons），凯布尔学院教堂（Keble College Chapel）的出资人威廉・吉布斯（William Gibbs）是该公司的创始人之一。[40]

▶ 一块制作于19世纪晚期的化石的薄片。它被证明是理解已灭绝化石植物的根是如何在近4亿年前生长的基础

10 Stems
The sclerotestas of two
seeds in arrows.

种植植物

在17世纪后期的牛津，博巴特夫妇种植了一些敏感植物，这些植物在被触摸时会垂下来，从而被当作一种新奇的植物。通过反复试验，园丁们知道植物会受到环境的影响，并付出了相当多的努力来创造能够让外来植物生长的环境。此外，他们还熟悉这样的现象，即无论它们以何种方式种植，发芽种子的根向下生长，芽向上生长。到18世纪晚期，一种流行的解释是根对重力的反应。[41]19世纪早期，托马斯·安德鲁·奈特（Thomas Andrew Knight）决定研究其中的一些观点。

1788年，奈特进入巴利奥尔学院，但和18世纪牛津大学的许多同龄人一样，他一直没有毕业。[42]继承的家族财产使他能够从事约瑟夫·班克斯最初向他建议的植物生理学研究。[43]凭借出色的机械技能和发明新型科学仪器的天赋，奈特研究了他那个时代的许多生理学问题，寻找与环境因素相关的植物运动的力学解释。

20世纪20年代，第九任谢拉丹植物学教授弗雷德里克·基布尔（Frederick Keeble）和奈特一样，也是一名热心的园艺学家，他鼓励年轻的植物学家乔治·罗伯特·萨宾·斯诺（George Robert Sabine Snow）研究植物对外界刺激的敏感性。[44]从20世纪20年代开始，乔治·斯诺和他的妻子玛丽（Christine Mary Snow née Pilkington）合作进行了一项实验工作，改变了我们对植物如何响应重力的理解。玛丽·皮尔金顿于1926年从圣休学院毕业，成为斯诺的第一个研究生。大学里为植物学研究提供的设施很差，即使只需要少量的设备。斯诺夫妇采取了19世纪的方案，将他们在海丁顿的家和植物园的一部分改造成实验室和植物种植设施。乔治和玛丽分别在马格达伦学院和萨默维尔学院任职，他们都不是植物系的正式成员。

斯诺夫妇的方法是进行精心设计的实验，明确回答单个问题；依靠少量专门设计的设备和高超的技术，在活的植物上进行实验。斯诺夫妇的科学合作被证明是卓有成效的。他们根据以前的实验经验设计了新的实验来检验他们的想法。这些实验几乎都是由玛丽进行的，实验结果由乔治汇总解释、撰写，并最终以他们的共同名义发表。

▶ 1925年亚瑟·丘奇画的夏栎（*Quercus robur*）雄花（放大50倍）。用于说明花卉结构和叶序的教学

斯诺夫妇对植物生物学感兴趣的不仅仅是外部刺激和植物本身。他们对在发育过程中负责植物叶片排列的程序（叶序）很感兴趣。自20世纪早期开始，这个古老的问题就受到了乔治·斯诺的老师之一亚瑟·哈里·丘奇的关注。[45]有关叶序的实验数据由玛丽·斯诺（Mary Snow）稳定地收集而来，这些数据在80多年后的今天，仍被植物科学系进行的前沿植物发育生物学研究引用。

细胞内部

到19世纪晚期，光学显微镜作为一种研究和教学工具在英国植物学机构得到了广泛的应用。在牛津大学，约翰·布雷特兰·法默（John Bretland Farmer）的研究重点是解剖学和胚胎学，尤其是蕨类和苔类植物。1887年，法默被艾萨克·巴尔福（Isaac Balfour）任命为植物学示范员，并于1892年进入帝国理工学院，最终成为植物学教授。法默被认为是“减数分裂”一词的发明者之一。[46]

机缘巧合和有准备的头脑是研究的重要因素。20世纪50年代早期，牛津大学的实验植物学蓬勃发展。植物学系已经搬进了位于公园南路专门建造的新设施中，而新近当选的第十二任谢拉丹植物学教授西里尔·达林顿则开始为其系招募具有不同学术兴趣的人才。[47]达林顿鼓励其员工从事遗传学、细胞结构生物学，当然还有染色体方面的研究，尽管他对植物学研究的其他领域的兴趣有限。

1949年，莱昂内尔·弗雷德里克·阿尔伯特·克洛维斯（Lionel Frederick Albert Clowes）在马格达伦学院完成了他的博士学位，研究的是使用经典显微方法完成山毛榉树根的解剖。[48]他在山毛榉树根尖端发现了明显不活跃的细胞簇（后被称为“静止中心”），这一发现占据了他余下的职业生涯。克洛维斯最初的挑战是让其他科学家相信这些细胞是真的不活跃的。斯诺夫妇的技术对于微小的根来说太粗糙了，所以克洛维斯用摄影胶片来检测放射性标记的化学物质积累的地方，表明细胞是活跃的。他得到了他需要的证据，并继续证明了大多数陆地植物的静止中心的普遍性。[49]在他的《顶端分生组织》（1961）中，克洛维斯综合了他关于植物生长点的观点，而《植物细胞》

（1968）则为与该系年轻的电子显微镜学家巴里·朱尼珀合著，探索了植物细胞的内部。

自20世纪30年代以来，达林顿的细胞遗传学学科，即细胞学和遗传学的融合，一直是英国和国际上前瞻性植物学系研究计划的一部分，但在牛津大学没有找到立足之地。达林顿和他的学生很快就开始研究物种内部和物种之间染色体数量的分类分布，以及细胞内染色体的行为。[50]20世纪50年代后期，达林顿的博士生道格拉斯·戴维森（Douglas Davidson）开始利用X射线研究其对染色体的影响。克洛维斯用X射线和类似的方法证明了静止中心是一个细胞库，在受到控制后，根的生长可以从这些细胞中恢复。在进一步的研究中，克洛维斯确定了根尖生长过程中细胞分裂的速率和细胞的行为模式。

这些想法是由斯诺夫妇和克洛维斯从20世纪20年代到70年代在牛津大学进行的严格实验中产生的，是植物发育研究的基础。它们现在已经成为"标准"植物学知识的一部分，因此很少被注明出处——也许这是衡量科学成就的终极标准。

花的功能

如今，植物有性繁殖的想法被认为是理所当然的，但在18世纪，这种想法已经足够超前，以至于令人难以接受。在《植物解剖学》（1682）中，格鲁（Grew）从花萼、花冠和"装束"（花冠内的所有东西）三个方面展示了花的结构。如同从动物繁殖中进行类比，在格鲁对"装束"功能的令人困惑的解释中，有这样一句话："在与我们博学的萨维安教授托马斯·米林顿爵士（Sir Thomas Millington）的谈话中，他告诉我，他认为装束作为雄性为种子的产生服务。我立刻回答说，'我的观点是相同的'。"[51]从那以后，米林顿和牛津大学声称他们参与了植物性行为的发现，这一直是学术界争论的焦点。[52]

无论支持还是反驳，人们对器官花的功能，以及植物性别的机制和生物学意义的理解，都发生在牛津大学以外的地方。到18世纪晚期，三位德国研究人员已经确定了开花植物繁殖的基本要素。[53]来自德国图宾根（Tubbgun）大学的鲁道夫·雅各布·卡默勒（Rudolf Jakob Camerer），在《论植物性别》（*De Sexu Plantarum Epistola*，1694）中提供了植物有性生殖的第一个实验证据。在1761年至1766年间，德国卡尔斯鲁厄大学的约瑟夫·戈特利布·科勒鲁特（Joseph Gottlieb Kölreuter）发表了关于植物种内和种间杂交的开创性论文。克里斯蒂安·康拉德·斯普伦格尔（Christian Konrad Sprengel）的《在花的结构和受精过程中发现自然之秘》（*Das entdeckte Geheimnis der Natur im Bau und in der Befruchtung der Blumen*，1793）展示了花卉与其昆虫访客之间的密切联系。1717年，法国植物学家塞巴斯蒂安·维兰特（Sebastien Vaillant）发表了一篇关于植物性的论文，该论文影响了林奈的工作，也影响了他备受争议的性别分类体系的建立。[54]科勒鲁特和斯普伦格尔工作的意义，以及植物性别在生物学上的重要性，直到19世纪60年代和19世纪70年代通过查尔斯·达尔文的工作才变得清晰起来。

和其他地方一样，牛津大学忽视了这些观点的含义。19世纪的德国植物学家卡尔·弗里德里希·冯·格特纳（Carl Friedrich von Gärtner）对学术界为何抵制植物性别功能的研究给出了部分解释："它们（杂交品种）受到了如此程度的攻击，以至于它们的真实性受到怀疑，并遭到强烈的反驳，或许它们被认为是属于园艺的一种接种现象。"[55]

牛津大学进行了一些与植物性别和杂交相关的观察，但这些结论从未得到正式证实。小博巴特发现了一种白色的剪秋罗属植物，其花朵缺少雄性部分，他和许多园丁一样，

▶ 斯普伦格尔的《在花的结构和受精过程中发现自然之秘》的卷首插图。这是第一本证明昆虫在植物生物学中的重要性的书

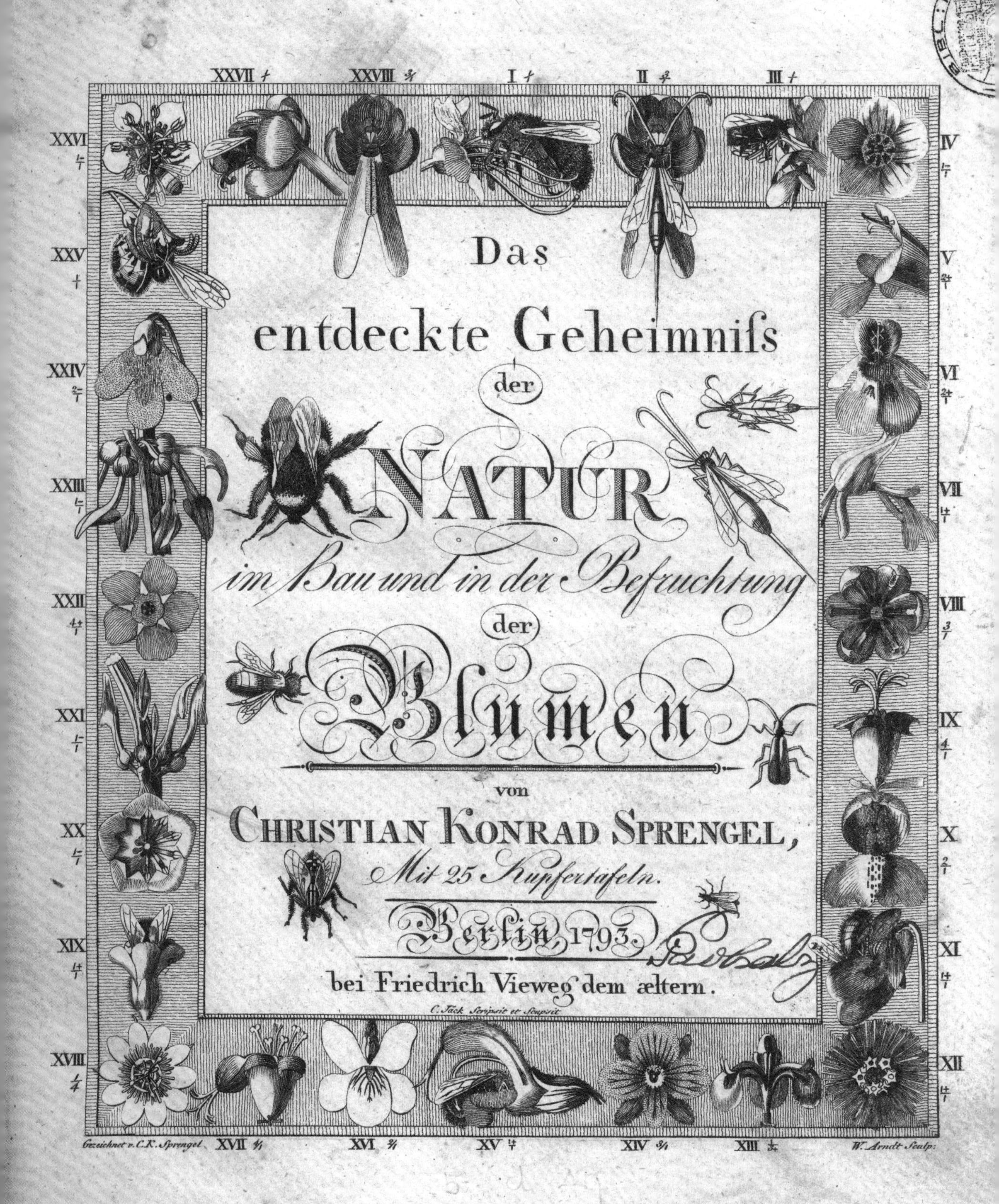
Das
entdeckte Geheimniſs
der
NATUR
im Bau und in der Befruchtung
der
Blumen
von
CHRISTIAN KONRAD SPRENGEL,
Mit 25 Kupfertafeln.
Berlin, 1793.
bei Friedrich Vieweg dem ælteren.
Gezeichnet v. C.K. Sprengel
W. Arndt Sculp:

mr Fairchilds
mule
Herb.Sherard

知道像大麻这样的植物，其个体可以产生种子，也可以不产生种子。[56]此外，在1674年之前，他曾告诉约翰·雷，他用黄花九轮草培育过报春花和牛唇报春。[57]小博巴特也被认为可以识别杂交树英桐（*Platanus x hispanica*，二球悬铃木），他将其描述为介于美桐（*P. occidentalis*，一球悬铃木）和法桐（*P. orientalis*，三球悬铃木）之间的中间品种。[58]第一种人工培育的杂交植物仅有两个已知的样本，谢拉丹植物标本馆的标本远缘杂种（Fairchild's mule，"费尔柴尔德的骡子"）是其中之一。它是康乃馨和须苞石竹的杂交品种，由霍克斯顿的苗圃工人托马斯·费尔柴尔德（Thomas Fairchild）在1717年左右培育出来，并通过园艺家理查德·布拉德利（Richard Bradley）而引起学术界的关注。布拉德利后来成为剑桥大学第一位植物学教授。[59]在牛津，直到20世纪晚期，人们才注意到"费尔柴尔德的骡子"标本的重要性，以及它对植物物种进化和植物育种的意义。[60]此外，杂交自然发生的可能性让人们开始质疑，至少是含蓄地质疑——物种数量在创世时已经固定不变的假设。

◀ "费尔柴尔德的骡子"——第一个人工培育的植物杂交品种。它是由园丁托马斯·费尔柴尔德于1717年左右在霍克斯顿的苗圃里把康乃馨（*Dianthus caryophyllus*）和须苞石竹（*Dianthus barbatus*）杂交而成的

实践园艺学家开始在植物种内和植物种间进行杂交，以改良作物或园艺植物。植物园、苗圃和果园提供了将植物改良理念付诸实践的理想场所，无论是过去还是现在，它们都是植物杂交者的天堂。然而，这些植物改良者往往彼此孤立地工作，与更广泛的科学界隔绝。托马斯·奈特是早期植物改良者中的佼佼者。奈特在19世纪早期工作时非常务实，他意识到如果他想要快速得到结果，他需要一种生命周期短的植物，于是他选择的植物是一年生的豌豆。通过不同类型的豌豆（*Pisum sativum*）之间的杂交，奈特在展示变异如何从一代遗传到下一代方面取得了相当大的进步。然而，与19世纪后期选择杂交豌豆的格雷戈尔·孟德尔（Gregor Mendel）不同，奈特并没有计算杂交产生的不同后代。[61]

到19世纪晚期，花的结构和功能已经成为植物学教学和研究的中

心。在20世纪早期的牛津大学，亚瑟·哈里·丘奇开始详细研究花卉的形态，最终在他的《花的机制类型》（1908）以及完美的植物插图中达到顶峰。[62]在牛津，20世纪晚期引入的遗传、生物化学和分子遗传技术，才使研究物种间生殖障碍细节的方案得以建立。今天，植物科学系几乎所有的研究项目都在使用从这些技术中获得的信息。

生态学

直到20世纪中叶，基因研究还不是牛津大学植物学研究项目的主要组成部分，但在该大学的其他学科占据了一席之地。到20世纪30年代，埃里克·布里斯科·福特（Eric Brisco Ford）已经在动物学系确立了遗传学研究的地位。福特对遗传学和野外自然史感兴趣，于是创建了生态遗传学领域，其中生态学和群体遗传学重叠，并对繁殖的进化结果进行了研究，[63]尽管他的许多发现受到质疑。在植物学系，这种兴趣直到20世纪60年代才体现在学术人员的研究中。

1927年，随着亚瑟·坦斯利成为第十任谢拉丹植物学教授，牛津大学植物学系提高了对植物生态学的兴趣，这一兴趣始于20世纪早期的丘奇。[64]坦斯利来自剑桥大学，是不列颠群岛最顶尖的生态学家，活跃于教学和研究领域。[65]尽管和瓦因斯一样，坦斯利发现牛津是一个很难从事研究的地方，但他还是招揽了一些有才华的青年工作人员，比如亚瑟·克拉珀姆（Arthur Clapham），并培养了他们成功的学术生涯。也许最重要的是，他为牛津带来了《新植物学家》和《生态学杂志》的主编职位，这两家期刊都是他创办的，也是发表生态学研究论文的两家最重要的期刊。

当坦斯利在1937年退休时，他确保他的继任者将是一名生态学家。于是，西奥多·乔治·本特利·奥斯本（Theodore George Bentley Osborn）被选为担任第十一任谢拉丹植物学教授，他在25岁时在阿得

▶ 大雪花莲（*Galanthus elwesii*）。来自亚瑟·哈里·丘奇的《花的机制类型》（1908）

Galanthus Elwesii (×4)

◀ 20世纪30年代，植物园的一个拥挤的植物生理学实验室。后来，植物学系搬到了现在的公园南路

雷德大学建立植物学系。[66] 奥斯本带着对生态学的浓厚兴趣，尤其是对澳大利亚的植物的热爱而来到牛津。坦斯利对牛津植物学系的结构没有做什么改变，他把这件事留给了奥斯本。奥斯本将植物学系从植物园中分离出来，这种分离产生了戏剧性的影响：

> 当他在位期间，不仅植物学原创成果的数量和质量分别要比以往任何时候都要多、要高，而且牛津大学的本科生、教师和研究人员的数量和质量也分别要比以往任何时候都要多、要高，甚至很多人现在或曾经是教授和系主任，在英国和其他地方的大学生物系也有越来越多的教授。[67]

尼古拉斯·波鲁宁（Nicholas Polunin）就是其中之一，他在坦斯利领导下开始了北极植物生态学的博士研究，但直到第二次世界大战后他才在该系任职。[68]

尽管达林顿厌恶生态学，但通过斯坦·伍德尔等研究人员的活动，植物学系的生态学研究仍在继续。然而，林业和农业学系的植物生态研究发展得最为强劲。例如，怀特和他的林业同事及学生绘制了非洲植被的地图。[69]牛津大学的植物科学在纯生态学和应用生态学方面都保持着很强的实力。

分子生物学技术的变化，加上便利的计算机的普及和全球范围内近乎即时的通信，极大地改变了牛津大学和其他地方研究植物科学的方式。今天的研究很少是由一个学者进行的，学者周围有一个由研究生和博士后研究助理组成的团队，他们经常与世界各地的同事一起工作。因此，提出的问题、检验的假设和产生的答案都是合作的产物。除了现代植物科学研究人员所处的技术和知识环境之外，政治气候也发生了变化。研究人员必须愿意向许多不同的受众解释他们的工作，这在以往任何时代都是闻所未闻的。

西里尔·迪恩·达林顿（1903—1981）[70]，他是皇家学会会员，也是一名细胞遗传学家，后来成为第十二任谢拉丹植物学教授。达林顿出生于兰开夏郡，1923年在伦敦获得农业学位。他最初是伦敦约翰英尼斯园艺研究所细胞学系的一名志愿者，最终获得了细胞学家的职位，然后掌管这个系，直到36岁时成为研究所的主任。

作为一名自学成才的细胞学家和遗传学家，达林顿在《细胞学的最新进展》（1932）和《遗传系统的进化》（1939）两本书中，将这两个领域综合成他自己创造的一门新学科——细胞遗传学。这些书籍吸引了研究人员来到该机构，并创建了一个世界领先的细胞遗传学中心。达林顿对染色体行为的洞察对我们理解植物进化机制至关重要。

达林顿于1953年当选为谢拉丹植物学教授。他固执己见，打破传统，经常与机构作对，因此他的到来导致老员工之间不可避免地发生争执。[71]为他赢得声誉的细胞遗传学正在被分子生物学的新方法和新见解所取代。此外，他的兴趣正朝着遗传学、人类和社会的交界发展，最终在极具争议的《人类与社会的进化》（1969）中达到顶峰。

在他担任谢拉丹植物学教授的18年里，达林顿在植物园之外的新校址建立了植物学学院。作为一个致力于研究的学者，他努力建立了哈考特植物园，认识到可以进行大规模实验的区域对于大学未来的植物科学研究至关重要。

西德尼·霍华德·瓦因斯（1849—1934）[72]，他是皇家学会会员，是一位伊林商人的独生子，他在巴拉圭的牧羊场度过了早年生活。他曾获得剑桥大学的奖学金，1875年他在剑桥大学自然科学的研究成果排行榜上名列前茅。

在接下来的10年里，翻译、教学、写作和一些研究占据了瓦因斯的生活。在皇家矿业学院和皇家植物园工作了一段时间后，瓦因斯在剑桥建立了自己的事业，并在那里改变了植物学教学。精通德语的瓦因斯与德国科学家[如朱利叶斯·冯·萨克斯（Julius von Sachs）和植物病理学创始人海因里希·德·巴里（Heinrich de Bary）]合作，在19世纪晚期的欧洲开创了植物学研究的新方法。瓦因斯翻译了卡尔·普兰特（Karl Prantl）的《植物学基础》（1881）和冯·萨克斯的《植物学教科书》（1882），将德国植物学带到了讲英语的听众面前。1887年，也就是他当选为第八任谢拉丹植物学教授的前一年，瓦因斯协助创办了《植物学年鉴》，直到1899年，他都是该期刊的编辑。[73]

瓦因斯未能在牛津重现他在剑桥所做的变革。事实上，他的名声非但没有吸引本科生进入植物学领域，反而让他们望而却步，他对女性的偏见程度甚至超过了当时牛津大学的典型情况。[74]然而，在他担任林奈学会主席期间，他支持1903年的一项决定，即女性和男性在获得奖学金中享有平等待遇。

克里斯汀·玛丽·斯诺（1902—1978）[75]，她是玻璃制造商阿尔弗雷德·皮尔金顿的女儿。她20岁时进入牛津圣休学院，1926年获得植物学一级学位，后来成为植物学家、马格达伦学院研究员乔治·斯诺的第一个研究生。1930年，她与斯诺的婚姻使她无法接受萨默维尔学院选她为研究员的工作。

玛丽和她丈夫的经济独立意味着他们可以放弃大学为植物学研究提供的有限设施，在他们位于海丁顿的家中建立自己的设施。在这里，斯诺夫妇为学生和研究人员提供娱乐和教学，他们专注于复杂的实验工作，旨在了解植物与环境的相互作用和植物的发育。控制植物生长尖端所需的操作主要是由玛丽完成的，这是斯诺夫妇研究的特点。从20世纪30年代到60年代早期，玛丽和作为第二作者的丈夫联合发表了一系列关于叶子发育方面的论文。

作为一名实验植物学家，玛丽知道实验植物学需要设备，而且这些设备可能很昂贵。因此，在植物园和植物学系于20世纪50年代初搬到公园南路后，她成了这两个部门的捐赠人。现在，植物科学系的年度讲座还以她的名字命名。

应用植物学

自古以来，药物和食物就被用来证明植物研究的合理性。植物园是建立在植物作为药物的实用价值之上的。世界各地的植物园都是在植物推动经济发展的前景下建立起来的。例如，英国皇家植物园邱园是为实现控制重要经济植物的资本价值，而建立的全球殖民地植物园的网络中心。[1]几个世纪以来，英国财富的证据可以从牛津大学的建筑和为维持它而创建的许多捐赠基金中看到。[2]这些财富中的大部分是通过天然产品，特别是植物的贸易直接或间接获得的。植物也是大学的核心：它们形成了纸张和墨水，数据、信息和思想在纸张上代代相传。

在大学学习的绅士和许多学者，他们以地主、医生或高级教士的身份从农业中获得了收入和财富。第三任谢拉丹植物学教授约翰·西布索普向未来的土地所有者教授植物学的基本知识，但他的主要收入来自农业，那是从他母亲那里继承的地产。[3]他的父亲汉弗莱在牛津大学度过了漫长的学术生涯，靠的是林肯郡西布索普家族地产的收入。[4]约翰·西布索普在萨顿和斯坦顿·哈考特的庄园（位于牛津以西约10千米处）的收入，不仅资助了《希腊植物志》的制作，最初还用于支付西布索普的农村经济学教授的津贴。

尽管大学依赖植物，但直到20世纪，它都不愿完全接受植物学更实用的方面和植物在社会中的作用。林业和农业是植物科学（而不是作为医学）的两个最明显的应用领域，自然需要包括植物学、动物学、地质学、经济学、社会学和政治学在内的多学科合作，然而传统大学的学术部门很难维持这种多样性。

◀ 欧洲黑松（*Pinus nigra*）的水彩画细部。罗斯玛丽·怀斯作（完整图像见第169页）

紫　杉

紫杉（*Taxus baccata*，欧洲红豆杉）[5]是一种针叶树，原产于欧洲、北非和亚洲西南部。在14世纪，紫杉是制作高质量弓的首选原料。从心材和边材的交界处切割而成的紫杉木条具有一个理想的属性组合，可用于制弓者打造致命武器。随着依赖弓箭手的战争的爆发，紫杉木材的贸易变得非常频繁，以至于在欧洲各地采伐紫杉时，人们制定了法律来保障供应。

到了17世纪，紫杉已经成为一种人们喜爱的树篱植物，园丁们通过园艺艺术来彰显自己的力量。植物园也不例外，老博巴特布置了几何形的树篱，修剪了两棵紫杉，使之成为“巨人般魁梧的家伙，一个抓着鸟嘴，另一个肩上扛着一根棍子”。[6]一棵从博巴特树篱中幸存下来的紫杉，它在19世纪中期没有被剪掉，后来长成了一棵大树。[7]

20世纪晚期，紫杉的价值再次发生变化。紫杉是众所周知的有毒植物，但有毒的植物在较低剂量下可能具有药用潜力。因此，在传统治疗系统中使用了数千年的紫杉提取物，产生出了传统医学中最畅销的抗癌药物——紫杉醇。紫杉醇在20世纪60年代中期首次从北美紫杉的树皮中被分离出来，在20世纪90年代早期被批准用于化疗。

作为抗癌药物的希望，以及随之而来的宣传，紫杉再次成为一种战略资源，这让紫杉树皮的需求量很大。不过，紫杉的数量无法满足每年数千吨树皮的需求。此外，由于紫杉醇具有复杂的结构，因此人工合成并不经济。最终，在紫杉叶中发现了一种化合物，这种化合物可以很容易且经济地转化为紫杉醇。与此同时，紫杉树篱修剪成为满足日益增长的紫杉醇需求的手段。

随着我们使用紫杉方式的改变，这种树已经从欧洲各地的原生森林中消失了，尽管它在植物园和城市景观中很常见。保护原生紫杉不仅需要生物学研究，还需要与其他学科的研究相结合。

▶ 紫衫教学挂图。来自利奥波德·克尼（Leopold Kny）《植物墙图系列》（1874—1911）。紫杉是现代植物园中最古老的树木，也是现代生活与老博巴特的纽带

尊重和应用研究

直到19世纪中叶，谢拉丹植物学教授都有私人收入，或者可以通过与职位相关的津贴、教学费用和大学奖学金的福利维持他们的生活。不同寻常的是，道本尼在1829年辞去了他在拉德克利夫医院的医生职位，转而成了一名专业科学家，而医生职位的薪水是他作为化学教授的收入来源。之所以做出这个决定，是因为他对大学如何授予植物学教授了解得十分清楚。[8]5年后，他成为谢拉丹植物学教授，然后在1840年成为西布索普农村经济学教授。

作为一名科学绅士（从事科学工作没有报酬）和需要收入来维持生活之间的紧张关系在整个大学和英国社会都存在。[9]典型的19世纪牛津教育是以大学生道德和智力发展课程为基础的，目的是让他们为城市塔尖之外的“积极而有目的的生活”[10]做好准备。这些支持者甚至提出，科学可能更适合于专家的教育，而不是绅士的通识教育。

在19世纪的大部分时间里，绅士可以成为专业科学家的想法遭到了抵制，但广泛应用于教学和研究的学科领域正在大学里如雨后春笋般涌现出来。这些课程通常在不冒犯大学强烈的艺术和神学情感的前提下进行宣传。到19世纪晚期，专业科学在英国已经成为绅士们可以接受的追求。在两次世界大战期间，科学作为一种职业和大学里应用学科的教学获得了一定程度的尊重。在植物学方面，应用学科是农业和林业，这些学科引起了道本尼的注意。

▶ 欧洲黑松水彩画。2013年，罗斯玛丽·怀斯取材于查尔斯·道本尼在18世纪30年代种植并于2015年砍伐的标本中制作

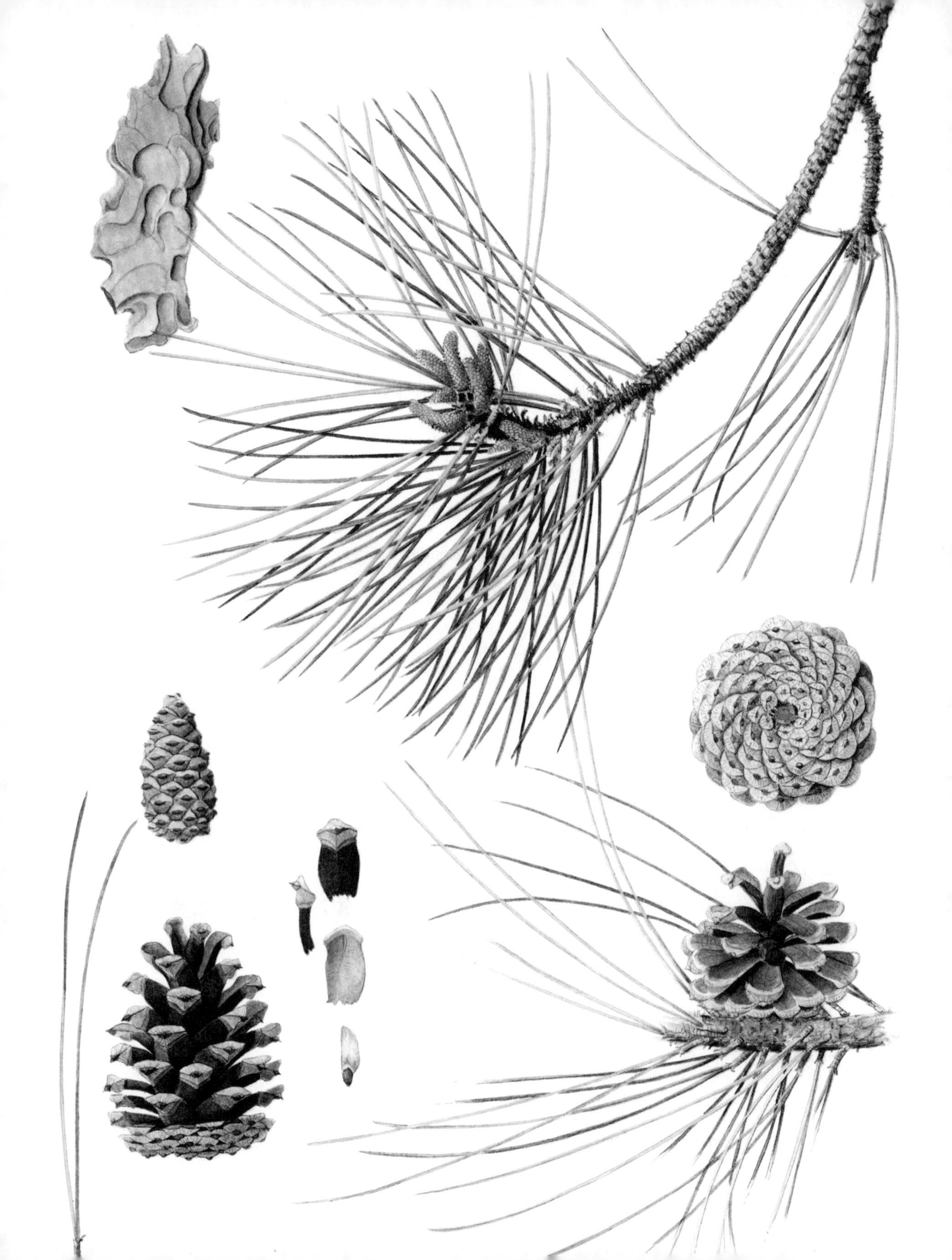

农业

当时的大学决定，谢拉丹植物学教授也将担任西布索普农村经济学教授。与这一决定无关的是，当西布索普的遗产在1840年可以被使用时，道本尼首先使用了。他已经证明了他对植物园的投入，他对土壤化学的兴趣非常适合担任一个主要与农业生产有关的职位。作为西布索普农村经济学教授，道本尼的职责是每学期宣读一次关于农村经济的公开讲座。1841年，他开始倡导一种正式的农业教育体系。这些原则在1845年由亨利・巴瑟斯特（Henry Bathurst）伯爵（第四任巴瑟斯特伯爵，基督教堂的毕业生）领导的委员会建立皇家农业学院时被采纳。[11]

1882年，牛津大学将谢拉丹植物学教授和西布索普农村经济学教授职位分开，马尔马杜克・亚历山大・劳森（Marmaduke Alexander Lawson）是最后一个同时担任这两个职位的人。然而，西布索普捐赠的价值已经大幅缩水，于是设立了一个"访问教授"职位，由其主持[12]关于农业主题的讲座。西布索普农村经济学教授第一位任职者是约瑟夫・亨利・吉尔伯特（Joseph Henry Gilbert），他是罗瑟斯特德化学实验室主任，[12]在1884年至1890年间担任这一职务。他与约翰・班纳特・劳斯（John Bennet Laws）合作，将化学和植物生理学应用于实际农业中。[13]下一任的罗伯特・沃林顿（Robert Warington）于1894年至1897年间担任该职务，他也是一位杰出的农业化学家，同样来自罗瑟斯特德。[14]到19世纪晚期，西德尼・瓦因斯正在为植物学事业而斗争，以对抗他所意识到的来自农业的威胁。[15]

1906年，在圣约翰学院的资助下，牛津任命了一名全职的西布索普农村经济学教授，并在公园路上创建了农村经济学院。他便是苏格兰农学家威廉・萨默维尔（William Somerville）[16]，其在位任职直到1925年。萨默维尔在抵达牛津之前，曾是爱丁堡大学的第一位林业讲师、达勒姆理学院（后来的纽卡斯尔大学）的农业和林业教授以及剑桥大学的第一位农业教授。除了对农业研究做出重大贡献外，萨默维尔还被认为是一位天才的传播者。他用视觉演示的方式布置展示试验田，表明了科学可以为植物生长做些什么，并帮助减少农民对农业研究的怀疑。[17]在萨默维尔的管理下，学院提供了

▲ 牛津附近的燕麦田。20世纪早期在亚瑟教堂拍摄

农村经济的文凭。第一次世界大战结束时，学生也可以攻读学士学位。

苏格兰农学家詹姆斯·安德森·斯科特·沃森（James Anderson Scott Watson）于 1925 年成为西布索普农村经济学教授，他担任这个职位长达20年，其间优秀的学生寥寥无几，学院面临着衰落。[18]和瓦因斯一样，沃森也在牛津努力重复他以前取得的成就。不过，到1937年，农业部批准农业作为牛津大学的荣誉学位。农业科学和经济学的教学大纲中又增加了对农业进化的研究，这是沃森和道本尼都特别感兴趣的课题。[19]

第二次世界大战结束时，杰弗里·埃米特·布莱克曼（Geoffrey Emett Blackman）被任命担任该职务一直到1970年，那一年学院也成为农业学系。命名法并不是布莱克曼领导下唯一改变的东西。这位新教授给牛津大学的植物学研究带来了严谨的统计，并将农业教学从农场管理转向农业科学。结果带来更多的教职员工和学生以及更多的空间，并于1956年在威瑟姆建立了大学野外观测站。应用生物科学成了大学学术界的一个组成部分。

20世纪70年代，英国真菌学专家约翰·哈里森·伯内特（John Harrison Burnett）担任教授职务。农业学系利用其地位进行了巩固，并设立了一个新的为期三年的农业和森林科学荣誉学位。然而，到了20世纪80年代早期，随着植物共生的权威大卫·塞西尔·史密斯（David Cecil Smith）任期的开始，全国形势发生了变化。[20]

1981年，英国政府撤回了对牛津大学所有农业和林业教学的资助。转而设立了一个纯生物学和应用生物学的新学位，并关闭了农业学系。1985年，通过合并农业系、植物学系和林业系，牛津成立了植物科学系。1989年，西布索普农村经济学教授被重新命名为西布索普植物科学教授。1990年，来自爱丁堡大学的植物生物化学家克里斯托弗·约翰·莱弗（Christopher John Leaver）担任了植物科学系的领导职务。

林业

英国各地的大学和其他组织都对林业作为一门学科持怀疑态度，但到了19世纪70年代，整个大英帝国，尤其是印度，都缺少了解树木管理实践方面的人。[21]19世纪的欧洲，特别是德国和法国的森林教育，展示了将科学应用于林业的价值。直到1885年，英国才有了第一位林业教授威廉·施利奇（William Schlich）。施利奇是一位在印度林业领域拥有丰富经验的著名德国林学家，他在萨里埃格姆附近的库珀山的印度皇家工程学院（Royal Indian Engineering College）任职教授林业。他的《林业手册》的多个版本成为标准的林业教科书，而他的影响在1919年促成了英国林业委员会的成立。当他在1920年（80岁）退休时，施利奇的思想已经渗透到整个大英帝国的林业中。

1905年，库珀山关闭，施利奇将皇家森林学校全部搬到了牛津。到1908年，圣约翰学院已经扩建了西布索普农村经济学教授居住的建筑。圣约翰学院还为施利奇提供了巴格利森林（Bagley Wood）作为教学设施，这片位于牛津西南约8千米处的林地从1 600年前就保留了下来。最初，学生们在没有任何学位条件的情况下攻读的是两年制的文凭，但到1909年，该课程的入学要求必须有本科学位。第一次世界大战后，林业成为本科学位课程。大多数成功的学生进入了印度林业局，但在帝国的其他殖民地也有对林业人员的需求。

到他退休时，施利奇已经筹集到足够的资金来捐赠一位林业教授。他的继任者罗伯特·斯科特·特鲁普（Robert Scott Troup）是一位印度殖民地的林务员，也是他以前的学生。特鲁普于1924年成为皇家林业研究所（IFI）的首个主任。皇家林业研究所的职能是成为森林官员高级培训的中心设施和"森林的形成、管理和保护"的研究中心。高级教育以一年期定制课程的形式提供，目标是来自英国殖民地的学生，课程涉及教职员工的兴趣，包括系统植物学、造林、森林管理和木材特性。特鲁普的《造林系统》（1928）至今仍在印刷，是一本重要的林业教科书。20世纪30年代的经济萧条导致学生和教职员工人数双双减少。工作人员仍然比植物学系多，但事实证明，将林业学院和皇家林业研究所分离是行不通的。1939年，该院与皇家林业研究所合并，由造林学家哈里·乔治·坎普（Harry George Champion）担任领导。坎普是一名教会学生，向林业工作者教授植物学。在坎普的任期内，本科林业课程延长至4年，并在接下来30年保持不变。

第二次世界大战后，应重建英国经济要求，英国殖民地以前所未有的方式开发其热带森林的自然资本。这些热带森林中的许多树木还没有被鉴定出来，它们的性质也不得而知。皇家林业研究所与植物学系一起开始对其多样性进行分类的工作，并确定具有最大潜在价值的木材，特别是鲜为人知的物种。

与植物学系一样，皇家林业研究所也为学生和研究提供了宝贵的空间，它于1947年更名为英联邦林业研究所（CFI）。20世纪30年代早期，查尔斯·维纳·布鲁克（Charles Vyner Brooke，沙捞越的白人王公）向一个建筑基金会捐赠了25 000英镑

THE IMPERIAL
FORESTRY INSTITUTE

Opening of the
New Building

BY H.R.H THE
PRINCESS MARGARET

19 OCTOBER 1950

（2020年约110万英镑），随后个人、公司和政府也进行了许多其他捐赠。1934年，大学在公园南路分配了一块土地，建了一座植物学和林业建筑。大学里的反对声音显然很激烈：副校长发表评论说，“有些人认为，应该像亚当和夏娃一样，把林学家拒之门外，因为林业学不是主要科学之一；另一些人则认为，如果不给林学家在天堂里留一个位置，整个帝国就会下地狱”。

这个植物学和林业的天堂，由大学的斯莱德建筑系讲师休伯特·沃辛顿（Hubert Worthington）设计，最终于20世纪50年代早期开放：两个系围绕一个开放的四合院，由一个共同的演讲厅连接起来。在20世纪50年代，殖民地林业局的所有官员都接受了英联邦林业研究所为期一年的研究生培训，同时也为前英国殖民地的林业人员提供了类似的课程。

1959年，柚木专家、前森林委员会爱丽丝·霍尔特·洛奇森林研究站负责人马尔科姆·维维扬·劳里（Malcolm Vyvyan Laurie）接替坎普担任英联邦林业研究所所长。1962年，皇家林业会议委托英联邦林业研究所对快速生长的人工林树种进行深入研究，特别是加勒比松（*Pinus caribaea*）。作为回应，一个研究小组迅速发展起来，掌握了丰富的林业技能，包括种子采集、造林方法、遗传改良和保护、实验设计和生物统计学，以及林业病理学和昆虫学。在接下来的40年中，这些技能被用于解决发达国家和发展中国家许多不同的实际林业问题。

当森林真菌学家杰克·哈雷（Jack Harley）于1969年接管英联邦林业研究所时，大学里的许多人认为它已经奄奄一息，是“殖民时代的一个过时的遗迹”。[22]但哈雷并没有任其消亡，反而为它注入了活力，极大地改善了所做的科学研究。1970年，农林系推出了一个

◀ 1950年，庆祝皇家林业研究所成立的宣传册

广受欢迎的农业和林业科学联合本科学位。1972年推出了一个名为“林业及其与土地利用的关系”的授课硕士学位。在其存在的30年中，该课程培养了460多名毕业生，确保牛津培训的林业工作者在进入21世纪时占据了世界林业的大部分高级职位。在森林病理学（特别是病毒学）、昆虫学和树木生态生理学方面形成了研究优势。

1980年哈雷退休后，自然资源保护主义者邓肯·普尔（Duncan Poore）短暂地接替了他的位置，随后在 1982 年由森林遗传学家杰弗里·伯雷继任。一年后，英联邦林业研究所更名为牛津林业研究所（OFI）；伯雷是林业系的最后一任负责人，也是牛津林业研究所的第一任和最后一任主任。20世纪下半叶，在政府政策和牛津大学内部压力的推动下，牛津大学的林业发生了巨大的变化。1981年的政府政策迫使植物学、动物学、农业和森林科学的学位合并为纯生物学和应用生物学的学位，并于1988年成为生物科学。20世纪80年代，森林昆虫学被转到动物学系，而病毒学则从牛津林业研究所转移到自然环境研究委员会的病毒学研究所。1985年，林业、农业和植物学系合并为植物科学系。20世纪90年代，国内和国际社会对林业社会科学方面的兴趣增加，强调了在一个由植物科学研究成果推动的部门维持林业学术的困难。因此，随着林业职位的出现，这些职位通常由符合要求的研究人员填补。牛津林业研究所于2002年关闭。2011年，该系授予林业科学的木业教授的职位。

社会中的植物

从18世纪中叶开始，英国社会各个阶层的人们都想要了解周围植物的信息。[23]人们对信息的需求不仅仅是简单的种植、烹饪或者如何使用它们治疗疾病。民间传说让位于自然哲学家正在发现的有关植物生命的奇观。科学激发了公众的想象力。随着维多利亚时期出现了专门从事新科学交流的作家，任何人都可以为植物学做出贡献。[24]

▶ 春龙胆（*Gentiana verna*）的标本。19世纪早期，乔治·克拉里奇·德鲁斯在爱尔兰克莱尔郡的各个地方收集

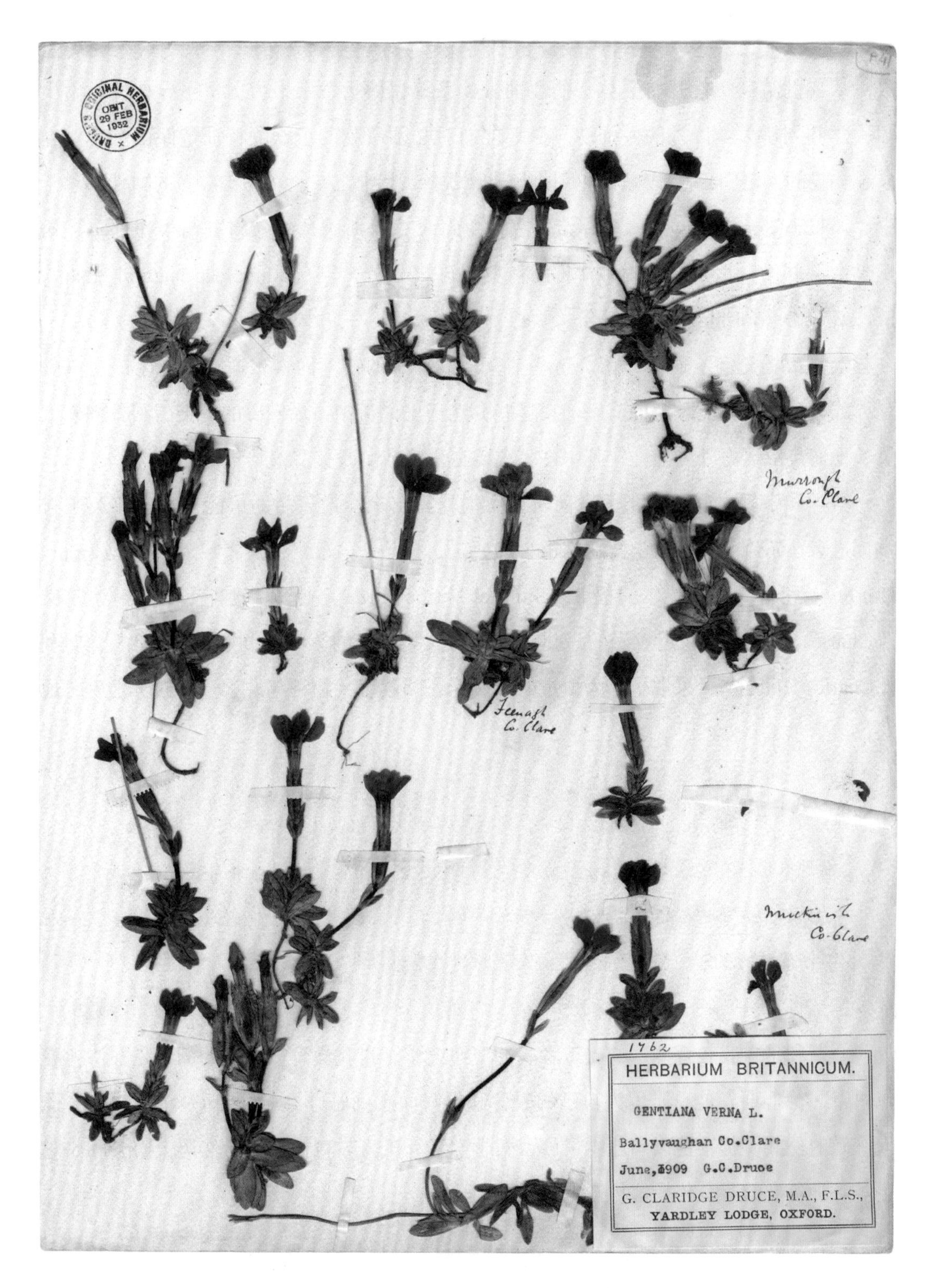
DRUCE'S ORIGINAL HERBARIUM
OBIT
29 FEB
1932
1762
HERBARIUM BRITANNICUM.
GENTIANA VERNA L.
Ballyvaughan Co.Clare
June,1909 G.C.Druce
G. CLARIDGE DRUCE, M.A., F.L.S.,
YARDLEY LODGE, OXFORD.

从18世纪60年代开始，林奈的性别分类系统在博物学家中占据了主导地位，由牛津大学和剑桥大学以外的人推动，尽管他们对必须研究的植物的特征持保留态度。在志趣相投的人之间建立了地区性的博物学家协会。其中之一是1828年成立的阿什莫尔学会（Ashmolean Society），在乔治·克拉里奇·德鲁斯于1901年将其与牛津郡自然历史学会合并后，该学会作为牛津郡阿什莫尔自然历史学会（Ashmolean Natural History Society of Oxfordshire）存续至今。[25]

信息市场充满了通俗书籍，这些书籍将大部头的技术内容（通常用拉丁语写成）翻译成大多数人都能理解的文字。在这些自然历史译员中，最重要的是英国国教神职人员，他们是散居海外的男性，其中许多人曾在牛津或剑桥接受过培训。

科学和宗教之间的紧张关系前所未有地暴露出来，最著名的可能是1860年英国科学促进会在新近开放的大学博物馆举行的会议，托马斯·亨利·赫胥黎（Thomas Henry Huxley）和塞缪尔·威尔伯福斯（Samuel Wilberforce）主教讨论了查尔斯·达尔文（Charles Darwin）新近发表的进化论思想对人类祖先的影响。[26]牧师查尔斯·金斯利（Charles Kingsley）采取了更为慎重的做法。在阅读了《物种起源》（1859）之后，他写信给达尔文：

> 评价你的书：（1）很久以来，通过观察驯化动物以及植物的杂交，我学会了不相信物种永恒不变的教条。（2）我逐渐学会了理解，相信他创造了能够自我发展为所有形式的原始形式，这与相信他需要一种新的干预行为来弥补他自己所造成的缺陷一样，是一种崇高的神的概念。我怀疑前者是否是更高尚的思想。[27]

金斯利是自我教育坚定的支持者。在牛津大学，自我教育最杰出的例子是乔治·克拉里奇·德鲁斯，他总是因为自己的教育和出身而感到耻辱。[28]德鲁斯是一位热情、受人尊敬的公共讲师，他以向地主贵族、大学学者、工人教育协会、自然历史协会和小学生等各种各样的听众传授植物知识而自豪。

查尔斯·道本尼对普及牛津植物园的尝试，包括短暂种植维多利亚睡莲和出版《牛津植物园通俗指南》（1850）。[29]在20世纪下半叶，植物园越来越多地参与公众直接感兴趣的有关植物和植物生物学方面（例如保育）的公共教育中。植物园对大众的吸引力和入场费用对其功能的实现至关重要，并进一步推动了它的外观发展。

20世纪早期，西布索普农村经济学教授威廉·萨默维尔有效地推动了农业研究在惠及英国农民方面的作用。到20世纪晚期，牛津大学的植物科学家们积极参与了许多公众感兴趣的学术辩论，包括关于转基因生物在农业中的作用的激烈讨论。[30]

然而，从学术研究到现实实践中获取数据的最一致的做法是通过牛津林业研究所延伸出来的各种形式。大部分研究都是在内部发表的，这绕过了传统出版商以及他们的发行网络。[31]

典型的出版物包括具体热带国家树种清单、具体树种的详细说明、研究方法指南和研究项目综合报告。一切都以国家和国际研究议程为指导，并以特定受众为目标，无论他们是研究人员、决策者、政府、当地社区还是个体林业者。这些出版物还增加了定制的培训课程。在研究方法和统计、规划和管理以及社会和社区林业方面，开发了特别成功的长期课程，参加者来自30多个国家。核心讲师由牛津林业研究所的研究人员担任，并得到来自全球的国际学科专家的支持。此外，英国学术机构、国家和国际援助机构、企业、世界银行和粮食及农业组织也明确支持牛津林业研究所的工作。

这种出版方法——研究数据的使用及其有效传播比作者贡献的积累更有价值——是一种很好的大学策略。然而，在20世纪晚期风云变幻的时候，它或多或少被证明是致命的，因为只有在被认为具有较高学术地位的同行评审期刊上发表的研究才被重视。

牛津大学的植物学家在将他们的研究和想法引入学术受众之外的领域，以及在有效地参与植物科学对人们生活的贡献方面，有些姗姗来迟。技术变革意味着研究信息可以实时免费提供给广大受众。当前研究人员面临的挑战是确保他们的信息清晰、简洁、准确，并与目标受众相关。此外，对植物科学感兴趣的公众成员通过公民科学行动为研究议程做出贡献的机制也在继续扩大。

约瑟夫·伯特·戴维（1870—1940）[32]，他是后来成为皇家林业研究所的中心的植物标本馆的第一任馆长。伯特·戴维出生于德比郡，19世纪90年代中期在加利福尼亚大学学习农业。在19世纪余下的时间里，他为威利斯·杰普森（Willis Jepson）的《加利福尼亚中西部的植物志》（*A Flora of Western Middle California*，1901）研究草和苔草。

1903年，他在德兰士瓦省农业部担任植物学职务，专门研究草类，该部门后来成为南非国家生物多样性研究所。《玉米：其历史、栽培、处理和用途——特别关注南非》（1914）出版后，伯特·戴维辞去了他的职务。他利用自己在牧草和植物育种方面的实践知识在南非进行商业化耕作。

五年后，他变得足够富有，退休回到英国，继续和斯威士兰合作编写《德兰士瓦省开花植物和蕨类植物手册》（1926，1932）。1925年，他接受了公务员职位的挑战，在新成立的皇家林业研究所担任热带森林植物学讲师。他研究及编写《大英帝国的森林树木和木材》，并培训了大英帝国殖民地所需要的林业官员。为了纪念他，人们将非洲东部和南部的相关树种命名为东荔桃属（*Burttdavya*）。

杰弗里·埃米特·布莱克曼（1903—1980）[33]，他是皇家学会会员，也是一位农业科学家。他的父亲是帝国理工学院的植物生理学和病理学教授。当他来到牛津时，为解决植物学问题带来了强大的统计学方法。

作为一名学生，布莱克曼在罗瑟斯特德实验站工作，在统计学家和遗传学家罗纳德·费舍尔（Ronald Fisher）的指导下，研究肥料对植物生长的影响。然而，布莱克曼的父亲认为他更适合工业而不是学术界，因此他加入了帝国化学工业公司（ICI），在那里研究肥料和毒物对生态相互作用的影响。到了20世纪30年代早期，由于对帝国化学工业公司的例行公事和保密性感到失望，他在帝国理工学院（Imperial College）担任了讲师，专注于自然栖息地的生态实验。第二次世界大战期间，他负责指导战时农业问题的研究。

战争结束时，布莱克曼被选为第七任西布索普农村经济学教授。他将大学农业教学和研究的重点从农场管理转向农业科学。在牛津大学，他建立了一个成功的团队，专注于植物激素和植物生长的生理学。在帝国化学工业公司的经历使布莱克曼对学术界与工业界的合作持怀疑态度，而且他在牛津大学一直坚持这一立场。

7 种子

教学

现代大学起源于12世纪和13世纪，在整个欧洲迅速发展。[1]在英国，它们起源于一种修道传统，在那里志同道合的人创建社区或行会来安排他们的生活、捍卫他们的地位和保护他们的特权。最终出现的是一个新的制度化的群体，他们相信自己有能力和知识来管理或教导他人。虽然大学最初由神职人员主导，但他们都不是专业人员，所以律师和医生，很快就开始从他们中脱颖而出。

1713年，英国牧师兼诗人阿贝尔·埃文斯（Abel Evans）劝告小博巴特，“让我们了解你的奥秘：从你那里，众神无所遁形”，他承认处于博巴特所处地位的人有责任传播他们的知识：“让那些因部分知识而感到勉强满足的人，平息他们的骄傲吧。”[2]埃文斯列出的那些将直接受益于博巴特植物学知识的人，很可能包括医生、学生、学者，以及那些参观过博巴特植物园、读过他的书、与他交谈或通信的人。

学术期刊或专业书籍上发表同行评议的论文有助于传播和确立观点，这是植物学研究发表的通常途径。未发表的研究或被封存的数据也可能尚未进行或收集。然而，很少有人阅读研究论文和书籍。在短期内，传播植物学思想的一个更有效的方式可能是通过大学里的教学和培训，以及他们后来取得的成就。尽管与大学的关系并不稳定，但农业和林业方面的培训是向全球传播植物学科学思想的沃土。

◀ 牛津千里光的细部（完整图像见第185页）

今天，在牛津工作的植物科学家通过各种各样的媒体向全世界的观众传播信息。他们传达的信息很明确：植物在我们的生活中很重要，值得优秀的研究人员和教师持续保持好奇心。然而，四个世纪以来，牛津大学在植物学知识的产生和传播方面取得的成就是参差不齐的。

牛津千里光

18世纪早期，一种神秘的西西里植物抵达牛津。我们不知道它是怎么来的，但我们知道至少有一位意大利僧侣，一位热爱植物、性格和蔼的英国外交官，一位公爵夫人和小雅各布·博巴特可能参与其中。[3]

从小博巴特时代到19世纪早期，牛津千里光是一种新奇的植物，只存在于城市的围墙内和几个由牛津培养的高级教士照看的教区，作为教士对学生时代的一种留念。轻盈的、像降落伞一样的千里光果实是高效的传播单位。然而，为了在新的家园中取得生态优势，牛津千里光需要时间来适应新的环境，找到适合它生长的栖息地，并逃离牛津的限制。

19世纪40年代，牛津开始修建铁路，铁路的道砟“为植物提供了其故乡西西里岛岩浆土壤的相似物”。正如一位20世纪早期的观察家所评论的那样，“高速列车后面的空气旋涡在它的尾流中带来了果实。我曾看到它们从牛津附近的一节火车车厢的窗户钻进车厢，一直悬在空中，直到他们在蒂勒赫斯特（离牛津大约35千米）找到一个出口”。[4]

牛津千里光逃出了它的限制，通过铁路在大不列颠西部传播。第二次世界大战为牛津千里光创造了更多的栖息地，并且在东部开辟了第二条“殖民战线”。如今，牛津千里光独特的黄色星形头状花序在全国各地都很常见，只要是排水良好的人造栖息地就有很多。

卡尔·林奈根据从植物园墙壁上采集的样本，给这个物种取了拉丁名，这些样本显然是约翰·迪勒尼乌斯在18世纪30年代送给他的。然而，约翰·西布索普于1794年发表的牛津郡植物的第一份完整记录未能将城墙上的牛津千里光与林奈所描述的联系起来。

牛津千里光不仅仅是一种跳过植物园围墙后碰巧蔓生的植物，它是研究植物进化的模型。牛津千里光与欧洲千里光（*Senecio vulgaris*）杂交可产生不育的杂交种，但有时一些植物经过复杂的遗传变化后是可育的。在过去的150年里，其中三个杂交种被正式描述为新物种。牛津千里光本身是两个意大利物种的杂交种：一个亲本是埃特纳山顶特有的，另一个在意大利南部广泛存在。牛津千里光继续适应生活。例如，牛津千里光大约在50年前到达苏格兰，与英格兰南部的千里光相比，其种群在低温下的生存表现存在遗传差异。[5]

▶ 牛津千里光——一个从牛津植物园传播到英国各地的物种。在威廉·巴克斯特的《英国显花植物》（*British Phaenogamous Botany*，1834）中有描述

早期植物学教学

17世纪早期，牛津大学开设了三门正式课程：神学、法律和医学。对于那些对自然历史感兴趣、希望或需要从大学教育中获益的人来说，机会主要出现在医学上。

在牛津大学，和其他地方一样，关于植物的教学和研究受到大学环境、植物学知识的经典起源及其与医学的联系的限制。学术环境与民众生活缺乏沟通，也可能潜在地降低了知识的“价值”，使其与非学术领域的知识脱节。老博巴特不是大学的成员，因此，如果他是1648年《植物园目录》的作者，他的匿名可能会确保这本书在大学是可以被接受的。通过思考和从书本获得的纯粹的植物学知识，比通过实践经验获得的“实用”知识更受重视。

此外，以大学为基础的植物学培训的医学起源导致纯植物学和应用植物学之间关系的进一步紧张，因为植物的观察和分类比实验更有价值。[6]相比之下，同样起源于医学的动物学关注的是人与动物之间的相似性，即沿着“自然阶梯”（scala natura）对动物进行排序，这是一种古希腊的思想，即将人类置于动物学阶梯的顶端。[7]因此，当19世纪动物学教育最终从医学中脱离时，它不仅关注观察性研究，也关注实验性研究。

早期的现代植物园，作为正确命名药用植物的地方，有可能仅仅成为有用植物的“活目录”。然而，17世纪中期由博巴特夫妇创建的植物园比这更有趣：它不是一个专注于医学训练的植物集合，而是更接近约翰·伊夫林的“哲学–医学植物园”的概念。[8]

17世纪的植物学教学

1670年9月5日，周一，植物园的第一个正式讲座课程开始了，新上任的植物学钦定教授罗伯特·莫里森站在有围墙的植物园中央的一张摆满植物的桌子后面。[9]他的听众可能期待着一场关于药用植物的讲座，就像几天前，也就是星期五，莫里森在医学院的就职演讲一样。

这位新教授感谢博巴特夫妇，因为他们从世界各地挑选了许多名贵的植物，并将其摆放在桌子上以供演示。在英国的植物园里，9月通常不是开设植物学讲座的好时机，但对莫里森来说，硕果累累而不是鲜花盛开才是最理想的。在流亡法国期间，他构想并开始为所有植物开发基于果实的分类系统。莫里森对费力地将植物的药用价值编入目录不感兴趣。因此，他的听众可能会被介绍到他关于植物分类的想法，他对草药传统的反思以及早期作者的局限性，特别是17世纪早期的鲍欣兄弟的作品。

莫里森的开场演讲很有权威性，而且出席人数众多，也许是因为观众好奇地想知道，在这个30年前才开始种植的植物园里，这个国家第一位植物学钦定教授会说些什么。[10]毫无疑问，博巴特夫妇也在场，并对他们的新教授殷勤备至。

我们不知道莫里森的听众对他的演讲有何反应。我们对莫里森的举止知之甚少，但我们知道莫里森是一位很有魅力的教师，尽管他浓重的苏格兰口音损害了他在牛津古董学者安东尼·伍德面前的形象，伍德说："尽管他是拉丁语的说写大师，但他对英语却并不精通，因为他的苏格兰腔调很逗趣。"[11]1683年，当詹姆斯·斯图尔特（James Stuart，后来的英格兰和爱尔兰的詹姆斯二世以及苏格兰的詹姆斯七世）参观植物园时，莫里森蹩脚的英语引起了一阵笑声。17世纪的作家、前牛津大学学生约翰·沃德（John Ward）牧师曾报道过，老雅各布·博巴特谈到莫里森时说："你们整个世界都屈服了，你们不像人类，你们从未听一个人这么说过。这是他一生中最了不起的成绩。"[12]

莫里森的课程计划每周进行三次，每次两节课，为期五周。第一届课程于9月开始，第二届课程于次年5月举行，当时花卉无疑是人们关注的焦点。1671年9月，莫里森开始重复他的课程，但到了第二年5月，他的注意力已经从教学转移到了他的《植物志》所必需的研究上。

教授的教学时间（讲座和辅导）与教授研究时间之间的紧张关系，早在大学的植物学历史中就出现了。教授的教学活动变得零散，其中大部分可能已经，至少是非正式地移交给了小雅各布·博巴特。在接下来的250年里，教授教学职责的委派或放弃成了植物园里的一个常见的特点。1680年，莫里森突然去世时，小博巴特成了事实上的教授，尽管没有得到官方承认。

小博巴特对植物学教学的兴趣和奉献精神，可能是由于看到父亲在植物园里授课而

获得的。在17世纪60年代早期，沃德记录了他是如何了解植物园中生长的植物，牛津附近生长的罕见植物的位置，甚至可能还记录了老博巴特压制植物以及制作“植物学书籍”。[13]考虑到他坚持莫里森的分类体系，后者的教学很可能遵循与钦定教授相似的教学形式。学识丰富，谦逊的他似乎也给自己在植物园内巡回授课的学生留下了深刻的印象。[14]他最杰出的学生、圣约翰学院的法律系学生威廉·谢拉丹，继续将他的大部分生命和财富奉献给植物学研究。谢拉丹也一直是博巴特的朋友和捍卫者。当谢拉丹在1728年去世时，他留下了他的图书馆、植物标本馆和大部分财产，设立了谢拉丹植物学教授的职位。他的社交关系帮助小博巴特接触到了17世纪晚期社会的精英成员。

1719年，随着小博巴特去世，植物学教学出现了空白。1719年，大学任命埃德温·桑迪（Edwin Sandys）为植物学教授，1724年任命吉尔伯特·特罗（Gilbert Trowe）为植物学教授，两人都没有留下植物学遗产。1723年，博物学家理查德·布拉德利游说英国皇家学会未来的主席汉斯·斯隆为他争取牛津大学的职位，以使植物学“重获新生，植物园得以恢复秩序”。[15]毫无疑问，布拉德利对将实验植物学应用于园艺的兴趣包括教学，但他的尝试没有成功。1724年，布拉德利被任命为剑桥大学的第一位植物学教授。在那里，他的两位直接的、长期任职的、思想传统的继任者认为他是一位奸诈和懒惰的教师。不那么偏袒的分析表明，布拉德利为最终现代生态学的发展和对传染病病因的理解做出了贡献。[16]

◀ 威廉·谢拉丹油画肖像。18世纪早期，一位不知名的艺术家绘制

18世纪的植物学教学

1736年，谢拉丹植物学教授的设立，使大学通过监督植物园的委员会有机会正式确定教授的教学职责。他要：

> 大约在3月中旬开始他的讲座……每周一次……直到4月底，5月、6月、7月和8月期间每周两次，除非他有自己的或植物园的事务需要缺勤，然后在9月继续他的讲座，每周只进行一次，直到学期结束。讲座的长度应根据植物园中生长的植物数量按比例计算……演示的天数和小时数应由教授本人判断是否合适。[17]

教授将“每年在春天开始他的讲座，用拉丁语发表简短演讲……在秋季以同样的方式结束讲座，并每年在植物园进行一次植物学演讲”。

尽管教学职责已正式确定，但18世纪在牛津和剑桥都是教授缺勤的时代。[18]在神学家主导的机构中，对新兴科学持偏见的观点可能有一定的道理。谢拉丹特别指出，谢拉丹植物学教授的选举委员会必须有一名皇家医师学院的成员，他担心大学会在迪勒尼乌斯之后任命一名神学家来填补这个职位。[19]然而，这并不是故事的全部。在牛津大学，科学显然是被容忍的，只要它不威胁到大学的主要目的——捍卫和推广英国国教。[20]

目前，尚不清楚第一任谢拉丹植物学教授约翰・迪勒尼乌斯是否对教学做出了贡献。他的学生汉弗莱・西布索普担任了37年的教授，因只做过一次不成功的本科生讲座而“臭名昭著”，尽管我们唯一的证据来自伦敦林奈学会的创始人詹姆斯・爱德华・史密斯，而他不喜欢西布索普。[21]1760年，未来英国皇家植物园邱园的建筑师、17岁的约瑟夫・班克斯来到牛津。不久，他就对牛津大学提供的传统课程感到厌倦。[22]他对植物学很感兴趣，但西布索普不教，不过，后者联系了剑桥大学的约翰・马丁（John Martyn），为班克斯推荐一位导师。[23]1764年7月，马丁选择的伊斯雷尔・莱昂斯（Israel Lyons）在牛津大学为60名学生讲授了一门成功的植物学课程，费用由班克斯支付。莱昂斯可能是牛津大学第一个使用林奈系统教授植物学的人。[24]

Mem.dum February 7th 1735/6

In a Meeting of a Committee appointed for the Care of the Physick Garden it was this Day agreed.

1st That ye Professor of Botany shall annually begin his Lectures about ye middle of March or sooner if a forward Spring to be continued once pr Week from that Time till ye End of Aprill, or oftner if the Number of Plants flourishing at that Time shall require. & twice in ye Week during ye Months May, June, July & August, unless he shall think fit to absent himself on his own or Garden-Affairs, which by ye Decree he is allow'd to do for six Weeks some Time in ye Summer, at any Time of ye aforesaid Months, & then in September to resume his Lecture & read only once a Week till ye Season is entirely over. The Length of ye Lectures to be calculated in Proportion to ye Number of Plants growing in the Garden, so as that ye whole Garden may be demonstrated every Year. The Professor not to be absent above one Week at a Time during ye Months of May, June, July, & August without the special Leave of the Committee. The Days & Hours of demonstrating to be such as the Professor himself shall judge proper.

▶ 1736年2月7日，负责植物园的委员会首次确定了植物学讲座的时间和长度的文本。这是谢拉丹植物学教授教学职责的一部分

18世纪剑桥大学的植物学教学不比牛津大学好多少，这两个机构似乎都处于休眠状态，教授只不过是个闲差。约翰·马丁[25]是一位富有的商人和天才的植物学家，1721年与迪勒尼乌斯共同成立了一个位于伦敦的植物学学会，1733年当选剑桥植物学系教授。两年后，马丁对剑桥失去了兴趣，转身投入商业的怀抱中。他最终于1762年放弃了植物学系教授这一职位，取而代之的是他的儿子。托马斯·马丁（Thomas Martyn），“一个幸运的人，对他来说一切都很容易，只是他的才能平庸”，[26]至少在他60年任期的前半段时间里，是一个专注于林奈植物学的教师，无论是在实地还是在课堂上都激励着学生。[27]

18世纪，牛津和剑桥植物学之间的相似之处是惊人的：教授职位继承中的父子关系，长期共同担任教授（西布索普家族49年，马丁家族92年），学术倦怠，还有儿子们对林奈植物学的热情。

林奈植物学教学

1783年，当约翰·西布索普说服他的父亲辞去谢拉丹植物学教授的职务来支持他时，这似乎为儿子追随父亲的脚步埋下了伏笔。约翰于1784年离开牛津，带着父亲从牛津大学为他赢得的一笔丰厚的旅费，开始了一次范围甚广的欧洲之旅。[28]他直到1787年才回到牛津，并于1794年最后一次离开。在牛津大学的七年里，他定期给本科生讲课。

西布索普的植物学课程有30讲，[29]主要面向对医学和农业感兴趣的年轻人，他强调了学习植物学的好处。西布索普认为，植物学家将重新振作起来。[30]现存的讲义是关于植物学知识的丰富的信息来源，18世纪后期西布索普认为这些将对学生有用。

在爱丁堡学习医学期间，通过约翰·霍普的教导，西布索普对命名系统和林奈的革命性性别分类系统着迷。[31]西布索普成为林奈系统的热心教师。在他第三次演讲的开头，他宣称：“我们现在已经进入了植物学发展最有趣的时期，在这一时期，林奈这位

▶ 约翰·西布索普在1788年至1793年间为学生们开设了一门关于林奈植物学的30讲课程文本。在课程中他定期就温室植物生长的恶劣条件发表评论

67

Besides these Libraries which are as it were the Repositories of the Labors of the Botanists: our Enquiries are excited by the numerous Botanic Gardens with which this Country is enriched, both public & private. At the Head of these stands the Royal Botanic Garden of Kew. The Catalogue of this Garden lately published under the Title of Hortus Kewensis, ascertains its Claims. To supply this Garden Botanists are sent out at a great Expence to examine & procure the Rarities of the most distant Countries. The greater Number of these Plants require an artificial Shelter - the extent of which demands a royal Munificence to support & maintain. - Academic Gardens, tho' greatly inferior in Magnificence & Splendour, to those supported by Royal Expenditure, may be considered as the more useful Schools of Botany - not under the Restrictions of Royal & private Collections - they are at all times open to the Student, & their Object is to inform as well as amuse. - Picturesque Beauty is not merely considered, but Method & Order as far as they conduct to a systematic Arrangement, must be preserved. The Method we have chosen is that of Linnaeus which we are persuaded is the best & we have preserved this Method - admitting only some few alterations in respect to the Distribution of some of the Genera (which Linnaeus himself probably would have made). The Names are entirely the Linnaean except of some new Species which have been either discovered or distinguished since his Time. These Names for the Benefit of the Botanical Student are printed in ~~legible~~ Characters on Labels affixed to the Plants.

大胆而系统的天才形成了一条涵盖了整个自然界的链条。”[32]

西布索普似乎在1787年从地中海东部的开创性植物学探索返回牛津后不久就开始了他的讲座课程。他教授的这些思想，在大学里几乎都是新鲜的。林奈去世大约10年了，其中一些思想已经流传了近50年，托马斯·马丁在剑桥热情地讲授这些思想。[33]牛津大学也正从植物学的冬眠中复苏。

西布索普在植物园举行的讲座充满了奇闻逸事，鉴于他的听众可能是地主或未来的医生，他重点讨论了植物的用途，特别是它们在农业、食品和药品中的作用，这一点也不奇怪。讲座的顺序对任何植物学书籍的读者来说都是熟悉的。他们一开始讲了三节关于植物学历史的讲座，从“最早的人”到林奈，再到西布索普的欧洲同时代人，然后学生们又开始了三节关于植物结构细节的讲座。剩下的24讲都是专门讨论林奈的性别系统的课程，尽管被选择来说明课程的例子最有可能吸引学生的注意力。

西布索普用他旅行中的故事为他的讲座增添色彩，证实或反驳他的学生可能熟悉的其他旅行者的叙述。例如，在讨论双雄蕊纲（Diandria）和素方花（*Jasminum officinale*）时，西布索普的学生被告知：

> 土耳其人特别喜欢这种树，而且用来作为管道的管子好评不少，因为它们又长又直，颜色也很好。它们以100皮亚斯特的高价出售——大约是我们货币的10英镑（2020年约860英镑）。[34]

他用自己掌握的所有材料来充实他的讲座，包括他个人图书馆的书籍、他负责的大学植物标本馆的标本、植物园的活植物以及在他指导下在牛津工作的植物艺术家费迪南德·鲍尔完成的水彩画。他通过向学生们展示了鲍尔的木犀榄（*Olea europaea*）水彩画，来说明这棵树的果实的特点，并评论道：“我们的橄榄树，尽管它能开花，但果实很少成熟。为了让你们对它有一个更完整的概念，我将向你们展示绘画中的果实。”[35]这幅水彩画后来在《希腊植物志》中被复制，它作为教学道具的使用可能解释了为什么原作现在比收藏中的许多其他水彩画更脏。

西布索普强调了牛津植物园相对于羽翼未丰的邱园的科学重要性，并对正在与他争夺植物园资金的大学当局发表了评论：

> 学院植物园虽然在气势和辉煌上远逊于那些由皇家财政资助的植物园，但可以被认为是更有用的植物学学派——它们不受皇家或私人收藏的限制，随时向公众开放，它们的目的是提供信息和娱乐。风景如画的美不仅是研究的对象，而且要保留其系统化安排的方法和秩序。[36]

然而，他很清楚植物园在教学方面的局限性，“在第一个单雌蕊目中，我们发现了刺山柑（*Capparis*）——但遗憾的是，我不能做出展示，因为我们的植物园里目前还没有这种植物”。[37]

西布索普对植物园的种植安排发生的变化非常感兴趣，这一变化越来越接近他的教学理想：

> 自从我们上次见面以来，我们一直在继续我们的安排——我们认为从经验和信念说服我们的方法是最好的。现在我们面前的四分之一部分包含了所有的英国多年生植物，它们的情况不需要特定的位置。我指的是阿尔卑斯山的植物，比如生长在非常潮湿的环境中的植物——这些植物是我们在一堵朝北的墙的遮掩下设计出来的，目的是让它们处于自然生长的环境中——我们可以尽可能地观察它们的自然生长，既不会被艺术所掩盖，也不会被艺术所扭曲。[38]

尽管他主要对开花植物感兴趣，但他对苔藓和蕨类植物也很感兴趣，这“对植物学家来说是幸运的……一年四季开花，当时几乎没有其他植物可以吸引他的注意力”。[39]西布索普特别着迷于“天才”的德国植物学家约翰·海德薇关于苔藓有性繁殖的实验工作，以

◀ 翠菊（*Callistephus Chinensis*）。出自迪勒尼乌斯个人手绘的《埃尔特姆植物园》（1732）。其中许多植物来自埃尔特姆的詹姆斯·谢拉丹植物园的温室，西布索普在演讲中使用了这些植物

及海德薇关于苔藓植物的观点与他的18世纪早期的前任约翰·迪勒尼乌斯的观点的比较：

> 由于独具匠心的海德薇的深入研究和不知疲倦的勤奋，蕨类植物以及这一类的其他一些属的植物在果实形成过程中的默默无闻最近在很大程度上被消除了。他关于这些植物结构的生理学发现跻身本世纪最有趣的发现之列。[40]

作为一名尽职尽责的教师，西布索普在结束他的系列讲座时说：

> 我们现在到达了蔬菜链的最后一个环节——我们的讲座到此结束——但是尽管这些都结束了，我的教授办公室仍在开放——植物学学生会发现我在假期里协助他们的询问的准备不亚于在讲座时间中的。[41]

1796年西布索普突然去世后，植物学教学再次陷入停滞。新任谢拉丹植物学教授乔治·威廉姆斯（George Williams）重新编写了西布索普的课程，但几乎没有新增内容，尽管整个欧洲的植物学正在发生快速变化。1813年，新任命的主管威廉·巴克斯特急切地承担起植物学教学的责任；直到1834年查尔斯·道本尼作为第五任谢拉丹植物学教授来到这里。[42]

19世纪植物学教学

当查尔斯·道本尼成为谢拉丹植物学教授时，他已经担任了化学系教授。[43]作为一名教师，他在大学里很有名也很受尊敬，他了解大学是如何运作的。与他的一些继任者不同，他也意识到大学可用于自然科学研究和教学的设施不足。

道本尼认为科学是文学和古典研究的补充，在他职业生涯的早期，他开始担心牛津大学的自然科学教学落后于英国和欧洲的其他中心。早在1822年，他就反对主流观点，主张自然科学应该成为所有本科生基础通识教育的一部分。到了19世纪中期，牛津教育体系的改革似乎更接近道本尼的观点。牛津教育体系为培养年轻人应对管理帝国的挑战，于1850年成立自然科学学院。[44]

开展科学研究以及科学教学的方式正在国内外发生变化。男性开始以职业科学家的身份获得报酬，尽管职业化的污名直到维多利亚时代结束才消失。牛津大学还担心：除了传统的医学和法律学科之外，牛津大学的教学不应成为职业教学，或与专业化联系在一起。

19世纪20年代中期，道本尼建议大学在一个地点容纳所有自然科学教授。随着自然科学学院的成立，最终于1855年至1860年间在公园路建立了大学博物馆。[45]因此，大多数自然科学学科都被安置在一座以教学为重点的建筑里，远离了大学的传统中心。然而，即使有额外的空间，自然科学繁荣发展所必需的实验室空间仍然严重短缺。

大学博物馆的任务是向每个人展示“伟大材料设计的知识”。柱头上的花卉图案是从植物园的模型中提取的，以此来表达对植物学的认可。[46]然而，植物学在植物园里有自己的大教堂，位于马格达伦学院对面。植物园和博物馆之间的距离——刚好距离一千米——是一条明显的分水岭。

1853年，道本尼强调了他对植物园所做的改进，并将继续做下去，主要费用由他自己承担，以便“在这个地方研究植物学，而不需要对我们现有的教学方法进行任何进一步的扩充”。[47]而这种乐观是不恰当的。

不到20年后，这所大学面临着一个选择。大学公园周围的科学区已经繁荣起来，但是，没有了道本尼的活力，植物研究再次陷入困境。有人提议，植物学应加入博物馆的知识同盟中，并将大学公园的一部分用于创建一个新的永久性植物园。[48]有人咨询了邱园的主任约瑟夫·胡克，但他认为植物园的搬迁成本要高于改善成本。第六任谢拉丹植物学教授马尔马杜克·劳森最终同意了这一观点，他向大学委员会提出的反对这一举动的论点分为“理性”和“感性”两种。在他的“理性”论据中，有植物良好的生长条件、植物园中较低的人口水平，以及他关注的是牛津北部住宅地产的成倍增长。他不太重视感性上的争论，包括植物园的年代、建筑和环境。[49]大学接受了这些论点，并同意为植物园场地的改造提供资金。丹比门西侧修建了一个新的教室和实验室，植物标本馆被改造

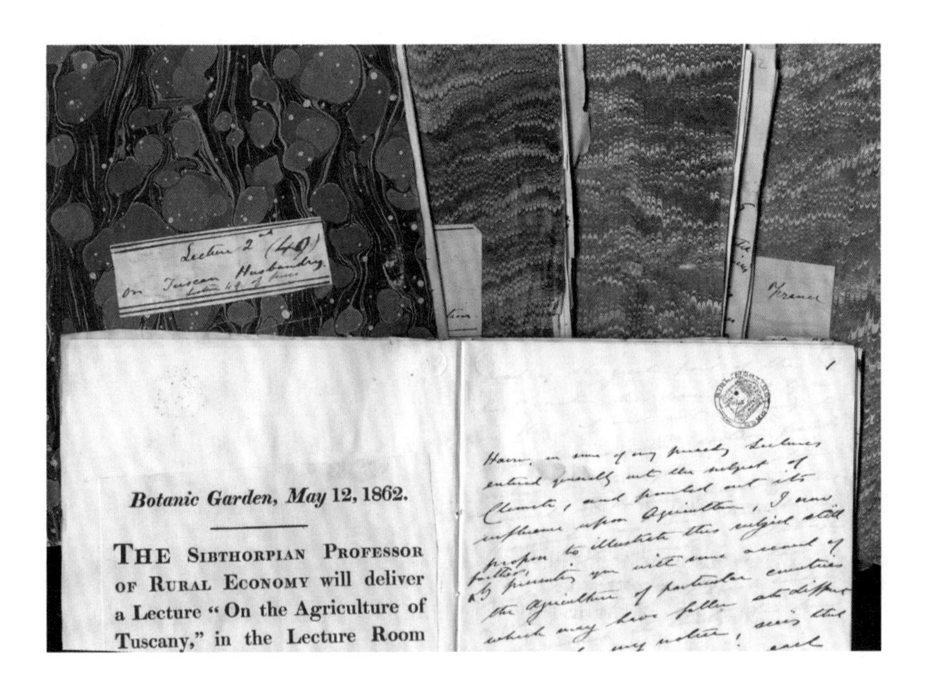

◀ “关于托斯卡纳农业”的系列讲座文本。该系列讲座由查尔斯·道本尼以西布索普农村经济学教授的身份于1862年举办

成了一间教室，这为植物学系建立了一个家。然而，自然科学统一的缔造者亨利·阿克兰（Henry Acland）认为这一决定是错误的，他尖锐地回应说，植物学是“与大学其他科学设备分开租用的”。[50]

第一次世界大战前的植物学教学

1888年，第七任谢拉丹植物学教授艾萨克·贝利·巴尔福辞职，成为爱丁堡植物学教授和爱丁堡皇家植物园的管理员。他把图书馆、标本馆和实验室移交给了他的继任者西德尼·瓦因斯。[51]德国植物学家塞尔默·舍恩兰（Selmer Schönland）是菲尔丁植物标本馆前馆长，他带着一定程度的自豪感详细介绍了植物实验室及其设施。舍恩兰移民到南非，在那里他在罗德斯大学成立了植物学系，成了南非植物学研究的领军人物。[52]

生理学实验室里摆满了玻璃器皿和试剂架子，有一个“大培养器，可以在恒温下种植植物”，还有一个双层的罐子，“可以装满有色液体，以便在有色光线下种植植物”。教授的房间用来存放精密仪器，比如“生长计、检流计、测速器、化学天平、显微镜、切片机、偏光镜、显微分光镜等”。一间暗室配备了“蔡司生产的非常好的显微摄影设备”。在教室里，有一张讲台和供学生坐的长椅，以及大量“系统整理的图表和图纸，供课堂使用”的案例。房间里还有一个“精巧构造”的装置，用于“在海水和淡水中培养藻类和其他生物”，但“效果不佳”。[53]

形态学实验室比生理学实验室宽敞，是“预科生”的主要实践教学空间。从地板到天花板、朝南的窗户“相当普通且结构坚固”，前面有煤气灯照明的桌子，可以容纳20名学生。[54]在房间的中央是一个通用长凳，后墙有一个准备区。沿墙壁排列着橱柜，里面装着实践教学中常用的材料，还有“大量系统整理的研究材料，主要保存于酒精中”。

在讲堂上方的一个被称为谢拉丹厅的房间里，是道本尼和巴克斯特于1859年在植物园中建立的博物馆，拥有“大量模型和标本（酒精中的和干燥的）”收藏。这个房间是一个“存放演讲中展示所需材料的地方，而不是作为公众指导的地方”。博物馆是通过一个笨拙的螺旋楼梯进入的，在道本尼去世后就废弃了。公众的指导要么在大学博物馆进行，要么在周日下午植物园开放时进行。[55]

到19世纪50年代中期，英国的植物学教学只不过是以花为中心的分类研究。瓦因斯和其他英国机构的同事所采用的方法是一个启示。这些人想要一门新的植物学，在那里学生们可以获得研究任何植物的工具和知识，从藻类和真菌，到苔藓和蕨类植物，再到针叶树和开花植物。他们的教学不注重分类，而是包括比较解剖学、形态学和生理学，鼓励学生自己寻找和发现，而不是接受教师的断言。瓦因斯翻译了几本重要的德语教科书，还向英语读者引入了欧洲大陆，尤其是德国的植物学方法。

瓦因斯来到牛津后，改变了剑桥大学的植物学教学，在那里他以热情、奉献和关怀著称。对他的讲课风格的一个评价是“简单而有效，偶尔有幽默闪现”。[56]他的《植物生理学讲座》（1886）表明，人们对这种新的植物学很感兴趣，这促使剑桥大学为他提供了一个足够容纳100名学生的大教室。瓦因斯发现牛津大学的学生在实践课上使用他与人合著的教科书《植物学实践教学课程》（1885—1887）。他的合著者之一、剑桥大学的学生弗

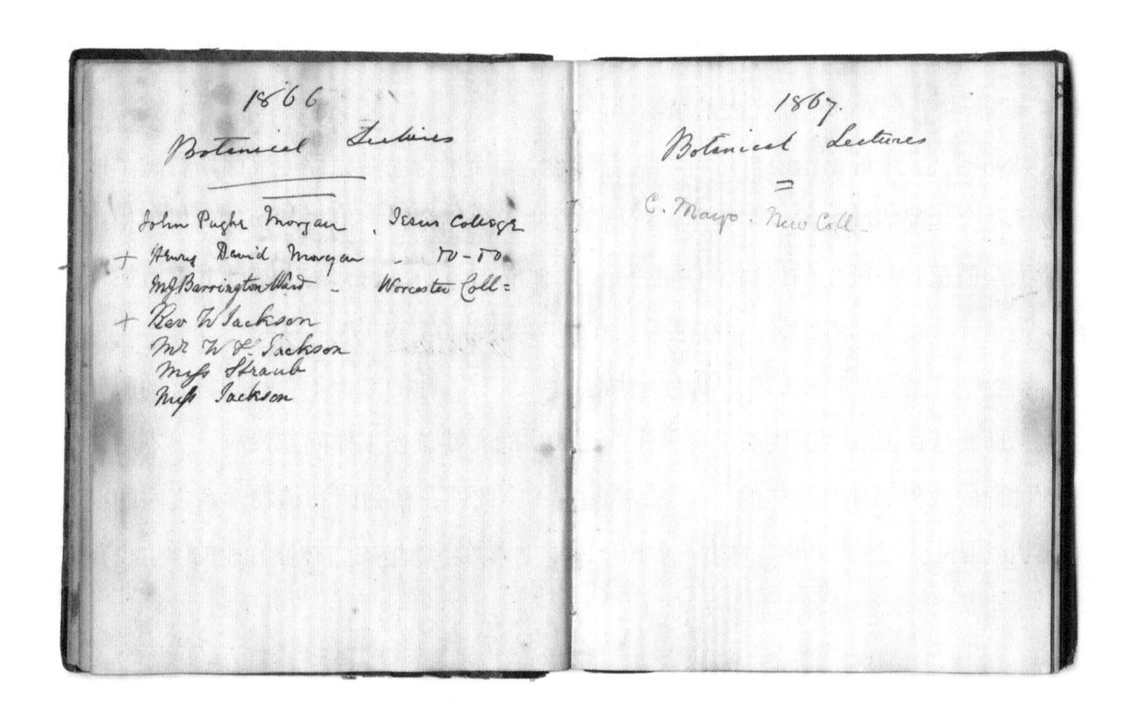

▲ 1866年，牛津大学一门植物学讲座课程的出勤登记册。其中记录了牛津大学第一批正式教授植物学的两位女性的姓名

雷德里克·鲍尔（Frederick Bower）后来成为格拉斯哥大学的植物学教授。这本书是“在没有详细插图支持的情况下刻意创作的，因为这些插图容易削弱搜索的热情，用别人的观察代替自己发现的个人经验”。[57]

然而，在这个国家“最紧凑、最美丽、历史上最受尊敬”[58]的植物学系里，瓦因斯失去了他的热情，陷入了“平静的效率”。据称，作为牛津大学的教师，他“让更多的本科生放弃植物学和从事植物学的工作，这一点比其他任何谢拉丹植物学教授都要多”，并且他拒绝接受女学生，除了那些获得一等学位的。[59]亚瑟·哈里·丘奇获得了牛津大学学位，并于1894年成为瓦因斯的示威者，他认为自己很幸运，在瓦因斯来到牛津之前就学会了植物学。[60]在接下来的

15年里，当瓦因斯和丘奇向小学生和高年级学生教授植物学时，他们的关系恶化了，丘奇越来越鄙视瓦因斯和他所代表的植物学。[61]

1896年，大学博物馆的自然科学系为增加空间而进行的游说促使瓦因斯打破了他对植物系宿舍状况的沉默："在英国，植物学被视为一门学科，但与其他任何机构相比，这所大学的植物系师生的住宿条件更差。"[62]他要求至少在现有住宿基础上再增加一层楼，他估计其成本"不超过1 000英镑（2020年约66 000英镑）"——尽管如此，"与化学、动物学等其他学科相比"，即使增加了这一部分，他的系也不会得到很好的服务。显然，即使是瓦因斯"也从来没有像样的私人房间，甚至连工作间都没有，更不用说像任何体面的教授那样有像样的'接待室'了"。[63]此外，植物园和植物学系之间的财务安排相当混乱。[64]到了20世纪的第一个10年，学生人数不断增加，林业专业的学生也在增加，这使得植物园的条件更加令人难以忍受。

战争期间的植物学教学

1920年，弗雷德里克·威廉·基布尔（Frederick William Keeble）担任第九任谢拉丹植物学教授。他对园艺的兴趣与其他机构的植物学学术发展方向不一致，尤其是在伦敦大学学院和剑桥大学。例如，他拒绝数学和实验方法。[65]尽管基布尔通过接管道本尼建立的实验室而从马格达伦学院赢得了更多的实验室空间，但1927年亚瑟·坦斯利到达时，植物学系几乎没有运转。大多数植物学教学责任——讲座、实践课和辅导实际上都是亚瑟·哈里·丘奇一个人的责任。[66]

坦斯利引进了思想先进、有才华的新教员，并增加了学生人数。课程范围从系统学和生理学扩展到包括遗传学、真菌学和生态学。然而，他想要更多教学和研究空间的愿望两次落空。[67]1930年，一份向大学外部的信托基金提出的拨款申请被拒绝，他要求在

▶ 金发藓（金发藓属，*Polytrichum*）的教学海报。来自阿诺德（Arnold）和卡罗琳娜·多德尔-波特（Carolina Dodel-Port）的《植物地图集》（1878—1883）

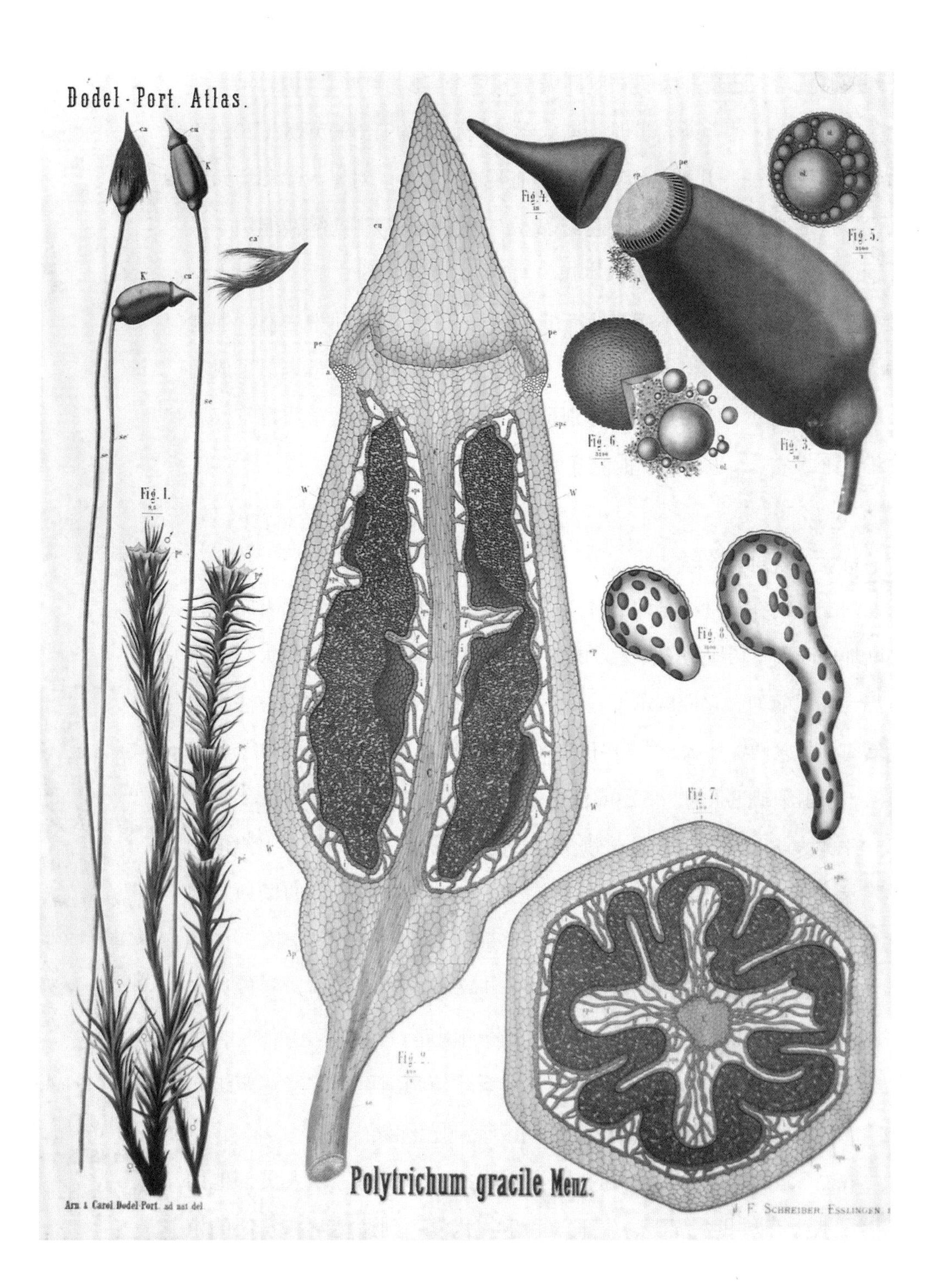
Dodel-Port. Atlas.
Fig. 1.
Fig. 2.
Fig. 3.
Fig. 4.
Fig. 5.
Fig. 6.
Fig. 7.
Fig. 8.
Polytrichum gracile Menz.
Arn. & Carol Dodel-Port. ad nat del.
J. F. Schreiber, Esslingen.

公园南路科学区建造并装备一座新大楼和一个实验植物园。1932年，乔治·克拉里奇·德鲁斯去世时，向大学遗赠了大约91 000英镑（2020年约470万英镑）——几乎是坦斯利两年前要求的数额。对于大学和坦斯利来说，这笔遗产附带了不受欢迎的条件——德鲁斯希望这笔钱能用于系统学研究所并照顾他的植物标本馆。[68]四年的法律纠纷之后，牛津大学最终接受了这笔钱，但不接受所有的条件。坦斯利没有从中受益，但他凭借自己作为教师和组织者的身份，迫使牛津大学的植物学走上了成为一门研究驱动型学科的道路，特别是他认识到了研究和教学质量不仅取决于员工的素质，也取决于他们开展工作的环境。

战后植物学教学

对于如何在20世纪早期的环境中学习和教授植物学这一固有问题，不断地修改现有场地是一种无效的方法。[69]伦敦大学学院和剑桥大学在这方面走在了前列，它们展示了在提供给学生的学科范围和教学方法扩展的同时，可以做些什么。[70]自19世纪30年代以来，牛津大学就尝试了各种方法，但由于缺乏兴趣、资源或信念，这些方法都未能奏效。

牛津大学和现任谢拉丹植物学教授的情绪发生了变化。[71]牛津植物学发展的唯一可行选择是腾出植物园这个狭窄、功能失调的场地。因此，如果植物园不去公园用地，植物学系将单独去新的科学区。1939年，大学的斯莱德建筑学讲师休伯特·沃辛顿制定了计划，并设计了一座建筑。第二次世界大战后，它建于公园南路。1951年10月8日，植物学系正式搬进了它的新家，毗邻林业系。植物园里的空置建筑被归还给了马格达伦学院，植物园的工作重点是园艺和娱乐。

在新家里，植物学系迅速扩大，因为招聘了新的工作人员，他们涵盖了从生态学和系统学、生理学和生物化学，到遗传学和发展的植

▶ 秋水仙（*Colchicum autumnale*）和细叶大戟（*Euphorbia cyparissias*）模型。19世纪晚期，罗伯特（Robert）和莱因霍尔德·布伦德尔（Reinhold Brendel）制作的纸浆、纸质和木材教学模型

物科学的全部领域。沃辛顿的设计经过修改，以适应20世纪晚期植物科学快速变化的需求。谢拉丹植物学教授通过招聘决定在系里留下他们的成绩，但到了20世纪80年代早期，政府的决定迫使大学将植物学系、农林科学系合并为一个单一的植物科学系，将纯科学和应用科学结合在一起。植物学学位自20世纪50年代以来一直受到学生的欢迎，最终在20世纪80年代后期终于与动物学合并为生物科学学位。植物园成为植物繁殖、热带农业和分类学课程中植物材料的固定来源，而植物园的耐寒大戟（大戟属）是专门为教学而收集的。

在过去的400年里，由于基础设施、资金、任命等诸多原因，牛津大学的植物学可能没有达到人们的期望。然而，那些在牛津大学接受植物学教育的人，以及他们从事的

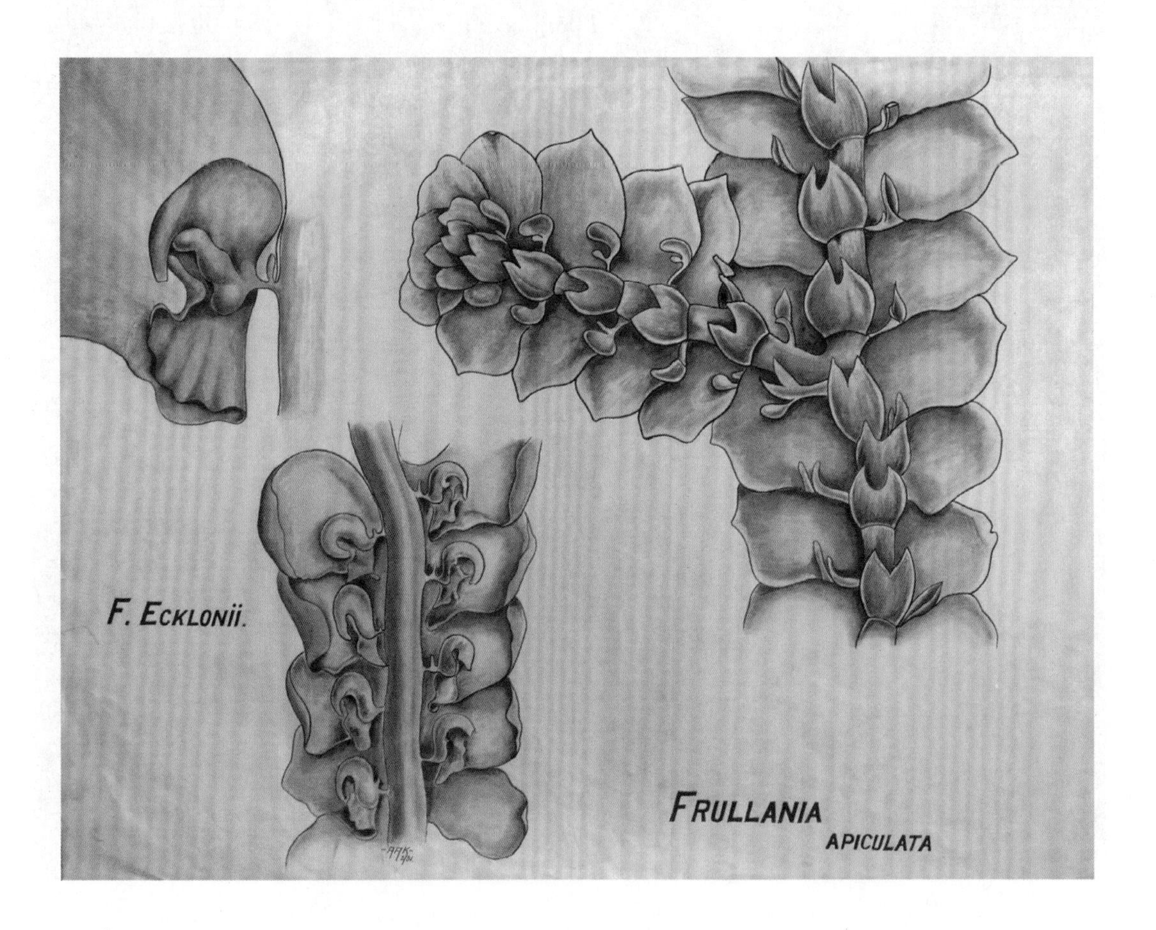

▲ 20世纪30年代，植物园的植物学系演讲厅。墙上挂着教学图，橱柜里挤满了植物模型

◀ 展示了苔藓结构细部的教学海报。由植物学系的一名技术人员（AAK）于1931年绘制

1932 MICHAELMAS TERM

Subject.	Lecturer.	Time.	Place.	Course begins.*
§ BOTANY.				
Elements of Plant Biology. (Subjects for the Preliminary Examinations in Natural Science and Forestry.) (Fee, £4 **with Practical Work.**)	Sherardian Professor of Botany, A. G. TANSLEY, M.A.	M. T. W. 10	Botanical Laboratory.	M 10 Oct
Elements of Plant Biology (Practical Work) ..	W. H. WILKINS, M.A.	M. T. W. 11–1	"	
Introductory Class for Forestry Students. (Fee, £1, including Ecology and Field Classes.)	H. BAKER, M.A.	Th. 10–12 ..	"	Th. 13 Oct
Elementary Plant Ecology. (For Forestry and first year Honour Students.)	The PROFESSOR	Th. 12, F. 10	"	Th. 13 Oct
Field Classes. (For Forestry and first year Honour Students.)	The PROFESSOR, H. BAKER, M.A., and A. R. CLAPHAM, M.A.	Th. 2, F. 11 or 2 (First half of Term only)		
Elementary Anatomy and Physiology (First year Honour Students) **(with Practical Work).**	The PROFESSOR and A. R. CLAPHAM, M.A.	M. S. 9 ..	"	/T.
Algae (for first year Honour Students) **(with Practical Work).**	A. R. CLAPHAM, M.A.	W. 10–1 ..	"	
Cytology (with Practical Work)	A. R. CLAPHAM, M.A.	M. 9.15 ..	"	
Genetics	R. SNOW, M.A.	M. 12 ..	"	M. 7 Nov.
Gymnosperms (with Practical Work)	A. R. CLAPHAM, M.A.	T. 9.15 ..	"	
Distribution of Plants and Vegetation	The PROFESSOR	W. 11.45 ..	"	
Mycology (with Practical Work)	W. H. WILKINS, M.A.	Th. 10 (all day)	"	
Field Class (Mycology)	" " ..	W. 2 ..		
Physiology (with Practical Work)	W. O. JAMES, D.Phil.	F. 10 (all day), S. 10–1	" "	F. 14 Oct

§ Names received on Saturday, 8 October, between 9.30 and 1, when the Sherardian Professor will be glad to advise students on their future work.

The Sherardian Professor particularly requests all students entering the Department to see him during these hours, or, if this is impossible, as soon as possible during the first week of Full Term.

A fee of £6 covers all lectures and courses of practical work given in the Department.

1933 HILARY TERM

Subject.	Lecturer.	Time.	Place.	Course begins.
§ BOTANY.				
General Course. (Subjects for Preliminary Examination in Forestry and for first year Honour Students.) (Fee, £3.)	Sherardian Professor of Botany, A. G. TANSLEY, M.A.	Th. F. S. 10	Department of Botany (Botanic Garden).	
General Course (Practical Work) .. (Fee, £3.)	H. BAKER, M.A., and A. R. CLAPHAM, M.A.	Th. F. S. 11–1	"	
Lectures additional to General Course with Practical Work. (First year Honour Students.)	A. R. CLAPHAM, M.A.	T. 9.15–1 ..	"	
Introductory Course for Forestry Students (Practical Work only) (continued). (Fee £1.)	H. BAKER, M.A.	W. 10–1 (First half of Term)	"	W. 18 Jan.
		Th. 2–4 .. (Second half of Term)	"	Th. 16 Feb.
Elementary Anatomy and Physiology (with Practical Work) (continued). (First year Honour Students.)	The PROFESSOR	W. 9–1 ..	"	
Distribution of Plants and Vegetation (continued)	"	W. 12 ..	"	
Gymnosperms (with Practical Work) (continued)	A. R. CLAPHAM, M.A.	M. 9.15–1 ..	"	
Protophyta (with Practical Work)	" " ..	W. 9.15–1 ..	"	
Mycology (with Practical Work)	W. H. WILKINS, M.A.	Th. 10 (all day)	"	
Physiology (with Practical Work)	W. O. JAMES, D.Phil.	F. 10 (all day), S. 9–1.	"	
Genetics (continued)	R. SNOW, M.A.	M. 12 ..	"	

§ Names received on Saturday, 14 January, between 9.30 and 1, when the Sherardian Professor will be glad to advise students as to their future work.

The Sherardian Professor particularly requests all students entering the Department to see him during these hours, or, if this is impossible, as soon as possible ...eek of Full Term.

...and courses given in the Department.

1933 TRINITY TERM

Subject.	Lecturer.	Time.	Place.	Course begins.
§ BOTANY.				
General Course. (First Year Honour Students and Preliminary Examination in Forestry.) (Fee, £3.)	Sherardian Professor of Botany, A. G. TANSLEY, M.A.	Th. F. S. 10	Botanical Laboratory (Botanic Garden).	
General Course (Practical Work) .. (Fee, £3.)	H. BAKER, M.A., and A. R. CLAPHAM, M.A.	Th. F. S. 11–1	"	
Field Classes and **Laboratory Work.** (First Year Forestry Students.)	H. BAKER, M.A.	W. 9 (all day)		
Reproduction of Plants. (Preliminary Examination in Natural Science.) (Fee, £2.)	The PROFESSOR and W. H. WILKINS, M.A.	M. T. W. 10 .. (Second half of Term only)	"	M. 22 May
Reproduction of Plants (Practical Work) (Fee, £2.)	W. H. WILKINS, M.A.	M. T. W. 11–1	"	
Field Class. (Honour Students.)	The PROFESSOR, H. BAKER, M.A., and A. R. CLAPHAM, M.A.	T. 9.15 (all day)		
Practical Work in connexion with Field Class	" " ..	W. 9.15 ..	"	
British Flora and Vegetation	The PROFESSOR	W. 11.45 ..	"	
Angiosperms (with Practical Work)	A. R. CLAPHAM, M.A.	M. 9.15 ..	"	
Mycology (with Practical Work)	W. H. WILKINS, M.A.	Th. 10 (all day)	"	
Physiology (with Practical Work)	W. O. JAMES, D.Phil.	F. 10 (all day), S. 9–1.	"	
Elementary Course for Students of Agriculture and Geography (with Practical Work.) (Fee, £3.)	A. R. CLAPHAM, M.A.	Th. F. 10–1 ..	"	
Soil Science for Students of Botany, with Laboratory and Field Work.	Reader in Soil Science, C. G. T. MORISON, M.A. and G. R CLARKE, B.Sc., M.A.	W. 9	School of Rural Economy.	

◀ 1932—1933学年的讲座课程和时间表。展示了向植物学系学生提供的讲座和实践课程的范围。藏于牛津大学植物标本馆

▶ 欧洲赤松（*Pinus sylvestris*）树干剖面解剖图。这种观察技能是大学植物学培训的重要组成部分。牛津昆虫学家哈里·埃尔特林厄姆（Harry Eltringham）在20世纪早期绘制

植物学研究，往往通过他们离开大学后的表现和他们的想法，或仅仅因为大学的学术声望，产生了巨大的影响。在牛津大学，植物科学的下一个世纪始于一个新的生物学系的创建，植物科学系和动物科学系在一个专门建造的空间里汇聚在一起。19世纪中期，阿克兰关于动物学和植物科学在一个共享空间内合作的梦想正在接近实现。植物科学在一个新的结构中会如何发展是无法预测的。无论21世纪晚期牛津大学的学科是什么样子，植物仍然是我们社会生活和自然环境的核心。

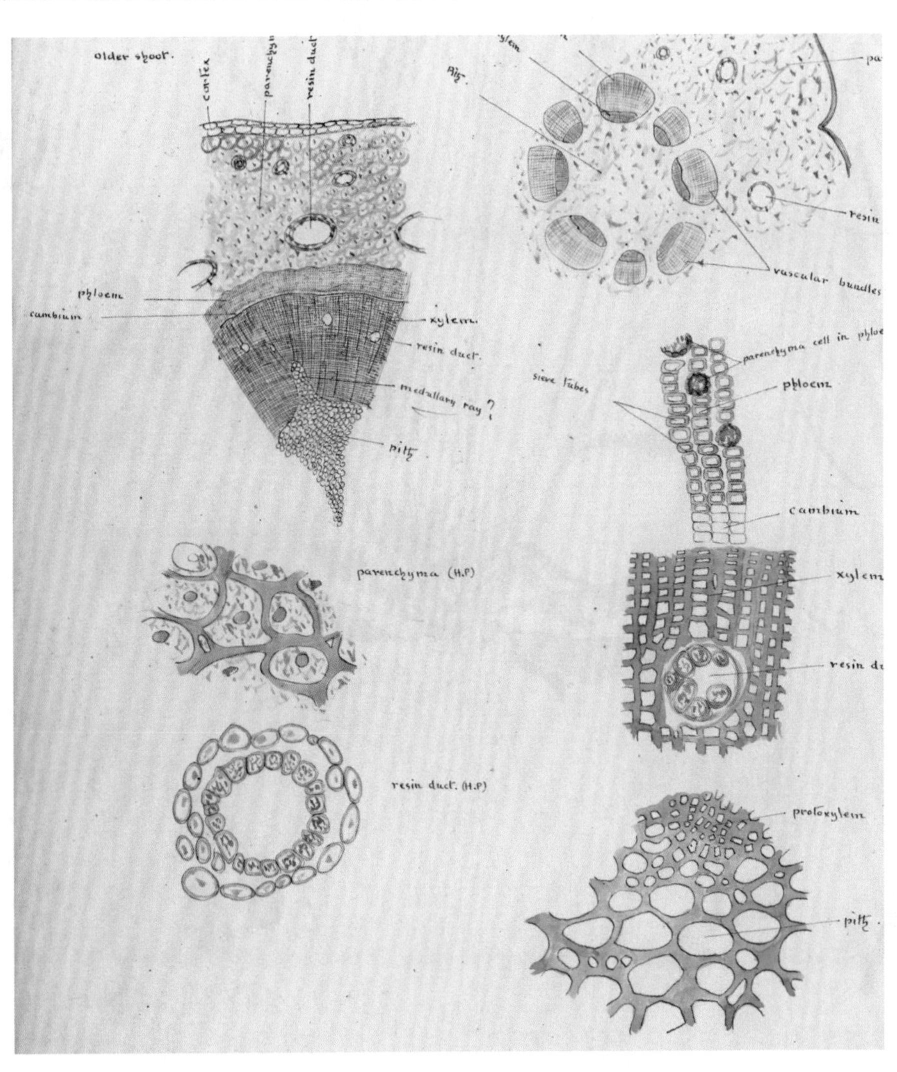

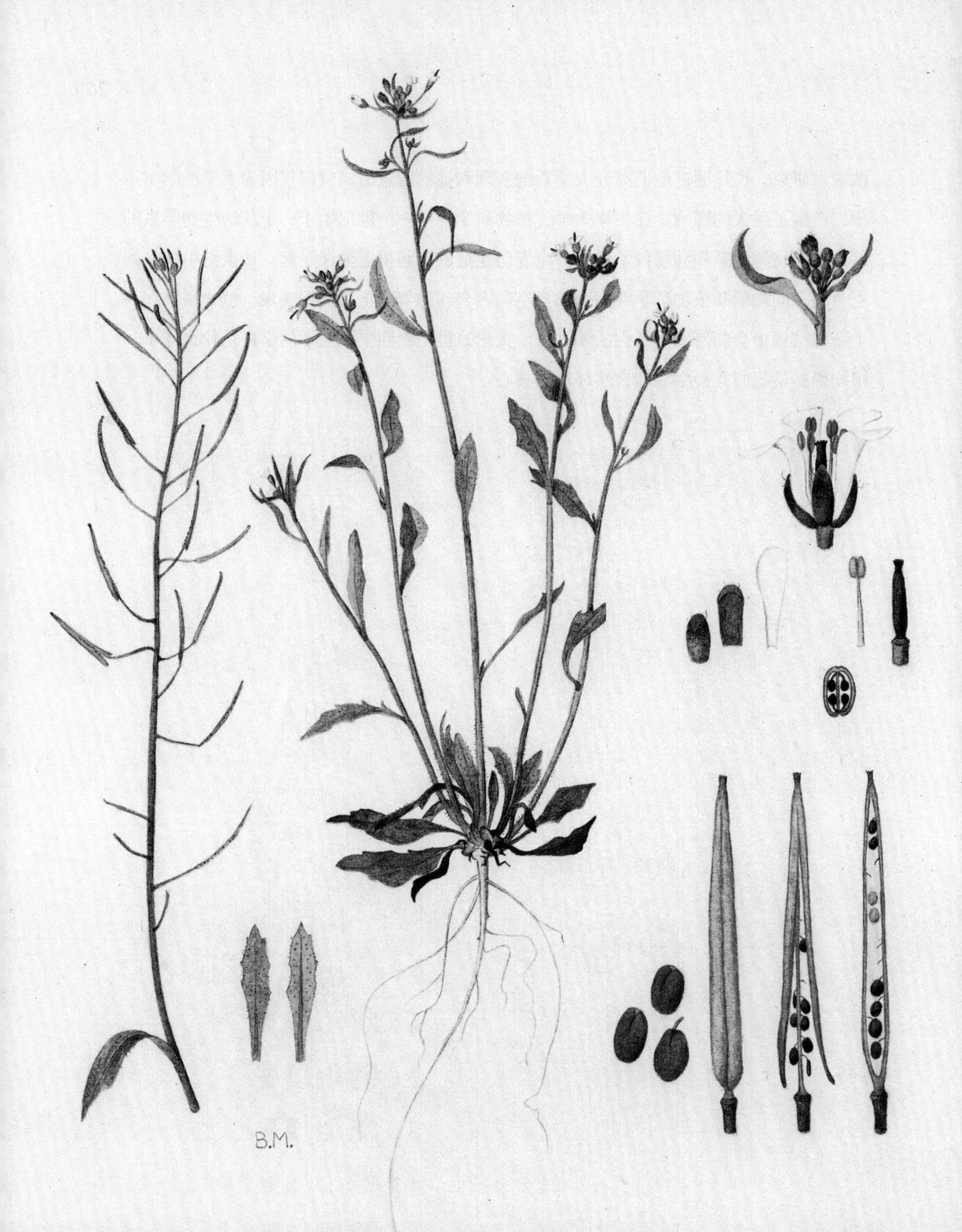
B.M.

弗兰克·怀特（1927—1994）[72]，他出生于桑德兰，在剑桥接受教育。他是非洲植物和植被的最重要的英国研究者之一。在研究柿科和楝科的分类学、植被分类和植物传播生物学时，怀特将他对生态学和系统学的兴趣结合在了一起。

在他的管理下，大学当时独立的林业和植物学系的植物标本馆被合并，成为他的主要研究工具。怀特的诸多贡献之一是《非洲植被》（1983），该书附有联合国教科文组织关于非洲植被分类的详细地图（由他设计）。这张地图的制作数据来自怀特自己的非洲实地调查，他对世界草本植物的探索，以及他与非洲植物专家的广泛合作。

怀特坚信经验观察在生物学中的核心作用，他是实地工作的根本重要性的有力倡导者。只有在野外或植物标本馆进行仔细观察后，生物学的概括才有价值。作为一名教师，怀特以他对严谨的植物学研究的热情激励了一代又一代的本科生和研究生。他的许多学生后来在世界范围内担任高级分类学职务。

◀ 21世纪拟南芥（*Arabidopsis thaliana*）的水彩画。拟南芥是一种杂草物种，自20世纪80年代以来一直是模式植物。植物艺术家芭芭拉·麦克莱恩（Barbara McLean）绘制

亚瑟·哈里·丘奇（1865—1937）[73]，他是皇家学会会员，一位普利茅斯马鞍匠（Plymouth saddler）的长子，1887年就读于阿伯里斯特威斯的威尔士大学学院。两年后，他在伦敦获得理学学士学位，并于1891年获得牛津大学耶稣学院的奖学金。1894年以植物学一等荣誉毕业后，他被任命为植物学系的示范教师。丘奇在牛津大学度过了他的职业生涯，并于1921年作为讲师提前退休。第一次世界大战期间，他失去了许多朋友和学生，这对他的影响尤其严重。

在《深海植物》（1919）中，丘奇提出陆地植物起源于海岸上的海洋植物的观点：陆地被大量植物入侵。这些想法对剑桥植物学家埃德德·约翰·亨利·科恩（Edred John Henry Corner）的工作和思想产生了特别大的影响。丘奇是一位杰出的植物插画家和摄影师，尽管他的《花的机制类型》（1908）的出版商未能对他的插图做出公正的评价。作为一名有魅力的教师，丘奇从他作为学生的糟糕经历中吸取教训，开展了既能激发智力又可以娱乐的讲座。

他的幽默感，加上对大学和学院政治的不敬，使得一任谢拉丹植物学教授将他形容为“天才男子”。

亚瑟·乔治·坦斯利（1871—1955）[74]，他是皇家学会会员，被称为“英国生态学的常务董事”，出身于伦敦市中心一个富有的家庭，有着强烈的基督教社会主义原则，并与工人学院有联系。1889年，他开始在伦敦大学学院上课，那里正在设计新的大学教学和研究方法。[75]

1890年，他考入剑桥大学，并于1894年获得了自然科学方面的一等学位。在此期间，他一直在大学学院任职，与奎因植物学教授弗朗西斯·沃尔·奥利弗（Francis Wall Oliver）一起工作。坦斯利于1902年出版的《新植物学家》使他在植物学界声名鹊起。1904年，他成为一群植物学家的核心，他们继续创作《英国植被类型》（1911），这是对英国植物群落的系统描述。这个团体成立了英国生态协会，由坦斯利担任第一任主席。

1907年，坦斯利在剑桥大学担任讲师，16年后辞职。他继续发展生态学学科，他的《实用植物生态学》（1923）将生态学引入学校。在他从剑桥辞职到1927年被任命为第十任谢拉丹植物学教授期间，他在维也纳与西格蒙德·弗洛伊德（Sigmund Freud）一起研究心理学。从牛津大学退休后，坦斯利在1949年自然保护协会的成立中发挥了重要作用。为了保护英国的景观，坦斯利认识到景观是由人创造的，而且它们将继续变化，因此他采取了一种务实的态度，并提出了这些变化必须通过保护措施加以适应的观点。

附　注

序　言

1 所有换算都是根据英国国家档案馆货币换算工具（www.nationalarchives.gov.uk/currency）报告的2017年数据，并额外估计了 2017年至2020年之间的英国通货膨胀率。

1 根　起源

1 Dear (2007).
2 Harris (2015a, pp. 15–19).
3 Gerard (1633, p. 135).
4 Thompson (1934).
5 Gerard (1633, p. 135).
6 Harris (2018).
7 Hardy and Totelin (2016).
8 Morton (1981).
9 Collins (2000).
10 Lindberg (2007).
11 Morton (1981).
12 Al-Khalili (2010).
13 Ogilvie (2006).
14 Wilson (2017); Morton (1981).
15 Batey (1986).
16 Ogilvie (2006).
17 Jones (2004); Boulger and McConnell (2004).
18 Arber (1986).
19 Shapin (2018).
20 Bacon (1877, p. 322).
21 Bacon (1877, p. 318).
22 Tinniswood (2019).
23 Harrison (2008).
24 Jardine (2004).
25 Gadd (2014).
26 Syfret (1950).
27 South (1823, p. 374).
28 de Beer (2006, p. 479).
29 Rovelli (2011).
30 Morton (1981).
31 Barash (2018).
32 Livingstone (2013).
33 Brockway (1979).
34 谢拉丹植物学教授和西布索普农村经济学教

授的所有任职成员一直都是男性。到 2020 年，牛津大学植物科学领域学术职位的性别失衡仍然很明显。

35 Brockliss (2016).

36 Jones (1956, p. 273).

37 Chaplin (1920); Allen (1946); Frank (1997).

38 Gutch (1796, p. 335).

39 Worling (2005).

40 Vines and Druce (1914, pp. viii–xiii).有关植物园以往周年纪念日的讨论，请参阅Harris (2017a)。

41 Daubeny (1853a, p. 13).

42 Gunther (1912, p. 2).

43 同上，附录A。

44 “为了最好和最伟大的上帝的荣耀，为了查尔斯国王的荣誉，为了大学和国家的使用。亨利，丹比伯爵 1632”。

45 Gibson (1940, p. 108).

46 Wood (1796, p. 897); Potter (2007, p. 251).

47 Harris (2017a).

48 Sobel (2000).

49 Leith-Ross (1984); Potter (2007).

50 Tradescant (1656).

51 同上，第139页。

52 MacGregor (2001); Tradescant (1656); MacGregor and Hook (2006).

53 MacGregor (1983).

54 MacGregor (1989).

55 同上。

56 Anonymous (1667, p. 321).

57 Grew (1681, p. 183).

58 Lyons (1944, p. 211).

59 MacGregor (1989); Brockliss (2016).

60 Stephens and Browne (1658，《生物哲学读者》的序言)。

61 Vines and Druce (1914, p. xiii).

62 Severn (1839, p. 242).

63 Harris (2018).

64 Hearne (1772, p. 221); Gunther (1912, p. 180).

65 Sorbière (1709, p. 42).

66 Magalotti (1821, p. 262).

67 约翰·西布索普的讲义，约1788—1794（博德莱恩图书馆，谢拉丹植物分类学图书馆，MS. Sherard 219，fol. 19r）。

68 Vines (1896).

69 McGurk (2004); MacNamara (1895).

70 Turner (2002); Gunther (1939).

71 Gunther (1925, p. 320); MacGregor (2001a).

72 爱德华·勒怀德给马丁·李斯特的信（1689年8月15日），转录于Gunther (1945，第377页)。

73 Anonymous (1885).

74 Harris (2017a).

75 Allen (2004a).

76 Bobart (1884).

2 茎 藏品

1 当赫瑟林顿（Hetherington）等人（2016）描述牛津大学植物收藏中3.2亿年前的根的化石（Radix carbonica）标本时，查菲（Chaffey，2016）打趣说：“牛津的植物学不是400岁！”

2 Harris (2015a, pp. 32–5).

3 Harris (2018).

4 Clarke and Merlin (2013).

5 Potter (2007).

6 Anonymous (1710).

7 Harris (2017b).

8 Morton (1981).

9 Turner (1586).

10 Morton (1981).

11 Pepys (1854, p. 320).

12 Harris (2018).

13 Evans (1713).

14 Harris (2017a).

15 Lubke and Brink (2004).

16 Harris (2017b).

17 Turner (1835, pp. ix–x).

18 Harris (2017a).

19 同上。

20 Harris (2018).

21 Anonymous (1648); Stephens and Browne (1658);《牛津植物园草药目录》（1676），小博巴特的亲笔签名手稿（博德莱恩图书馆，谢拉丹植物分类学图书馆，MS. Sherard 32）。

22 Harris (2017a); 约翰·西布索普的讲义，约1788—1794（博德莱恩图书馆，谢拉丹植物分类学图书馆，MS. Sherard 219，fols 19—20）。

23 Harris (2017a).

24 Heine and Mabberley (1986).

25 Harris (2017a).

26 Daubeny (1853b, p. 15)

27 Clokie (1964); Strugnell (1999).

28 Smith (1816a).

29 约翰·西布索普显然也曾为林奈的植物标本馆出价(Lack with Mabberley, 1999, pp. 32, 191)。

30 Daubeny (1853a).

31 Clokie (1964).

32 Strugnell (1999).

33 Allen (1986).

34 Gunther (1912, p. 149).

35 Henrey (1975).

36 Harris (2007b).

37 Turrill (1938).

38 Burley et al. (2009).

39 Metcalfe (1973).

40 Hillis (1998); Stern (1982); Mills (2004).

41 Burley et al. (2009).

42 Harris (2017a).

43 Dawkins and Field (1978).

44 Savill et al. (2010).

45 Allen (2004d); Clokie (1964).

46 Linnaeus (1737b, dedicatio); Hasselqvist (1766, p. 51); Turner (1835, p. xix).

47 Goddard (2004a).

48 Gunther (1904, app. E); Tuckwell (1908); Goddard (2004a).

49 von Leibig (1855).

50 Lindley (1836).

51 Jackson and Kell (2004); Clokie (1964).

52 “Memoir of the late Henry Borron Fielding Esqre. F.L.S & G.S. of Lancaster”,未发表的手稿（博德莱恩图书馆，谢拉丹植物分类学图书馆，MS. Sherard 397，fols 17—18）。

53 同上，第17页。

54 乔治·加德纳（George Gardner）给威廉·胡克（William Hooker）的信，康提，1844年7月18日（皇家植物园，邱园，《园长信件》，54/167）。

55 Harris (2007a).

56 Allen (1986).

3 叶　收藏家与收集

1 MacGregor (2018).

2 波希米亚植物学家塔达乌斯·汉克（Thaddäus Haenke）对这种植物的观察被认为是欧洲人第一次看到它（Hooker, 1847）。

3 Hooker (1847, p. 8).

4 同上，第10页。

5 Hooker (1847, p. 11).

6 伦敦新闻画报，1849年11月17日。

7 Hooker (1847, p. 12).

8 Prance and Arius (1975).

9 Clute (1904, p. 1).

10 Van den Spiegel (1606, p. 79–81).

11 Woodward (1696, p. 12).

12 Graves (1818, pp. 294–5).

13 Hooker (1849, p. 402).

14 Woodward (1696, p. 16).

15 Hooker (1849, pp. 403–4); Baker (1958); Allen (1965); Endersby (2008).

16 Endersby (2008).

17 Donovan (1805, p. 78); 另见Brockway (1979).

18 Woodward (1696, p. 16).

19 MacGregor (2018).

20 Raven (1950).

21 Courtney and Davis (2004).

22 Edgington (2016); Turner (1835); Dandy (1958).

23 Edgington (2016); Turner (1835).

24 理查德·理查森给约翰·迪伦尼乌斯的信，1726年10月25日，转录自Druce and Vines (1907, p. lxxx)。

25 Turner (1835, p. 263).

26 植物标本馆标本，牛津大学植物标本馆，Mor_II_219_05c。
27 同上，Mor_II_244_22b。
28 Turner (1835).
29 Druce and Vines (1907); Turner (1835).
30 Turner (1835, p. 347).
31 Turner (1835).
32 Anonymous (1791).
33 Harris (2019).
34 Shaw (1738).除非另有说明，肖的所有引文均来自此来源。
35 Harris (2019).
36 Anonymous (1791).
37 约翰·西布索普的讲义，约1788—1794（博德莱恩图书馆，谢拉丹植物分类学图书馆，MS. Sherard 219，fol. 14r）；Harris (2007b)。
38 Nicholls (2009).
39 Frick and Stearns (1961, p. 114).
40 Nelson and Elliott (2015).
41 马克·卡特斯比的来信，1723/24年1月16日（皇家学会档案，谢拉丹信件，CCLIII 173）。
42 Ibid., CCLIII 174.
43 马克·卡特斯比给威廉·谢拉丹的信，1723年5月10日（皇家学会档案，谢拉丹信件，CCLIII 171）。
44 马克·卡特斯比的美洲莲标本和笔墨素描（牛津大学植物标本馆，Sher-1090-10和Sher-1090-10a）。
45 马克·卡特斯比给威廉·谢拉丹的信，1723年1月4日（皇家学会档案，谢拉丹信件，CCLIII 168）。
46 马克·卡特斯比给威廉·谢拉丹的信，1724/25年1月10日（皇家学会档案，谢拉丹信件，CCLIII 184）。
47 Harris (2015c); McMillan and Blackwell (2013); McMillan et al. (2013).
48 这段对西布索普旅程的描述来自Harris (2007b)。
49 Lack with Mabberley (1999, p. 32).
50 同上，第108页。
51 同上，第32页。
52 同上，第42页。
53 同上，第42页。
54 同上，第43页。
55 Rix (1975).
56 Lack with Mabberley (1999, p. 73).
57 同上，第182页。
58 Killick et al. (1998).
59 Harris (2007a).
60 Allen (1986, pp. 101–47).
61 威廉·贝特森（William Bateson）给乔治·德鲁斯的未编目信件（牛津大学植物标本馆，德鲁斯档案）。
62 Allen (1986, pp. 101–7); Ayres (2012).

63 Druce (1898).

64 Harris (2010).

65 Allen (1986, p. 108).

66 Allen (1986).

67 Harris (2010).

68 Ayres (2012, pp. 83–7).

69 Nelson (2018).

70 小雅各布·博巴特写给拜明顿公爵夫人玛丽·萨默塞特的信，1694年3月28日（大英图书馆，Sloane MS，3343 fol. 37r-v）。

71 Ward (1852); Allen (1994).

72 Gunther (1912, p. 131).

73 Strugnell (1999).

74 Bebber et al. (2012); Whitfield (2012).

75 Roberts (2004).

76 Jeffer (1953).

77 爱德华·勒怀德给马丁·李斯特的信，1689年8月15日，转录于Gunther (1945，第377—388页)。

78 德国植物学家和鸟类学家海因里希·戈特利布·路德维希·赖兴巴赫（Heinrich Gottlieb Ludwig Reichenbach）描述了洼瓣花属，他将卡尔·林奈的斯诺登百合（Bulbocodium serotinum L.）放入其中。整个洼瓣花属现在是顶冰花属（Gagea）的一部分。

79 Nelson and Elliott (2015).

80 Harris (2015c).

81 Frick and Stearns (1961, p. 19).

82 Sterling (2004).

4 花蕾 命名和分类

1 《圣经·创世纪》，第2章：第20节。

2 Morton (1981).

3 Druce and Vines (1907).

4 Vavilov (1992, pp. 337–40).

5 Anonymous (1669, p. 935).

6 Morison (1669, pp. 463–99).

7 《圣经·创世纪》，第1章：第11节。

8 Vines (1911).

9 Mandelbrote (2015).

10 Morison (1672, t. 2, t. 11).

11 Morison (1680, preface).

12 Anonymous (1675, p. 327).

13 Hancock (2006); Mandelbrote (2015).

14 Druce and Vines (1907); Vines (1911); Raven (1950); Mandelbrote (2015).

15 Harris (2015b); Turner (1835); Sibbald (1684).

16 Freer (2003, p. 151).

17 Smith (1821, p. 281).

18 Turner (1835, pp. 362–4).

19 同上，第326—327页。

20 Laird (2015, pp. 143–8); Henrey (1975).

21 Druce and Vines (1907).

22 Hopkins et al. (1998).

23 Mabberley et al. (1995); Wood et al. (2020).

24 Freer (2003, p. 40).

25 Dillenius (1715).

26 Druce and Vines (1907).

27 Downin and Marner (1998).

28 约翰·西布索普的讲义，约1788—1794（博德莱恩图书馆，谢拉丹植物分类学图书馆，MS. Sherard 219，fol. 579r）。

29 同上。

30 Smith (1821, p. 245).

31 www.worldfloraonline.org.

32 Harris (2015b).

33 威廉·谢拉丹的《纵览》手稿（博德莱恩图书馆，谢拉丹植物分类学图书馆，MS. Sherard 44—173）。

34 Scotland and Wortley (2003).

35 Mabberley (2000).

36 Anonymous (2015).

37 Harris (2017a).

38 Harris (2007b); Lack with Mabberley (1999).

39 Mulholland et al. (2017).

40 Lack (2015); Mabberley (2017).

41 Henrey (1975); Allen (2010).

42 Ingram (2001, p. 42).

43 Anonymous (1804).

44 Harris (2007b).

45 Allen (2010).

46 Oswald and Preston (2011).

47 Druce (1886, pp. 394–5); Killick et al. (1998, p. 80).

48 Ayres (2012, p. 138).

49 Allen (2004b).

50 Turner (1835, p. 10).

51 von Uffenbach (1754, pp. 161–2).

52 Butler (1744, p. 119).

53 Mandelbrote (2015).

54 Vines and Druce (1914, p. lv).

55 Mandelbrote (2004).

56 Boulger and Mabberley (2004); Druce and Vines (1907).

57 Pulteney (1790b, pp. 153–74).

58 Riley (2011).

59 Linnaeus (1737a, p. 80).

5 花　植物学实验

1 Morton (1981).

2 Rackham (1945, p. 119).

3 Parkinson (1640, p. 1547).

4 Prest (1981, p. 82); Zirkle (1935, pp. 89–90).

5 Ray (1686, pp. 1–58).

6 Harris (2018).

7 Rea (1665, p. 151).

8 Duthie (1988).

9 在Thornton（1807）关于康乃馨的条目中引用。

10 同上。

11 Harris (2018).

12 Shapiro (1969).

13 约翰·西布索普的讲义，约1788—1794（博德莱恩图书馆，谢拉丹植物分类学图书馆，MS. Sherard 219，fol. 123r）。

14 Jardine (2004).

15 Morton (1981).

16 Grew (1682, 前言).

17 Darwin (1913); Allan and Schofield (1980).

18 Sharrock (1672, p. 116); Plot (1677, p. 260); Plot and Bobart (1683).

19 Hales (1727).

20 Ray (1686, p. 15); Harris (2017a).

21 Priestley (1772, p. 166).

22 Gest (2000).

23 Harris (2017a).

24 Batey (1986, p. 41).

25 Sharrock (1672, p. 30).

26 Morison (1680, pp. 208–9).

27 Daubeny (1835).

28 Osborn and Mabberley (2014); Juniper et al. (1989).

29 Brockliss (2016, pp. 316–17).

30 Thoday (2007).

31 von Leibig (1855, dedication).

32 Gunther (1904).

33 Daubeny (1841).

34 Aulie (1974).

35 Russell (1966).

36 Russell (1942).

37 Gunther (1904, p. 80); Lawes and Gilbert (1895, p. 3).

38 Lawes and Gilbert (1895, p. 3).

39 Vines (1888).

40 Harris (2011b).

41 Morton (1981).

42 Browne (2004).

43 Shull and Stanfield (1939); Zirkle (1951).

44 Clapham (1970).

45 Church (1904); Mabberley (2000).

46 Blackman and Palladino (2004).

47 Harman (2004).

48 Barlow (2018).

49 Dubrovsky and Barlow (2015); Barlow (2015).

50 Harman (2004).

51 Grew (1682, p. 171); 米林顿（Millington）是自然哲学的塞德利教授，而不是天文学的萨维安教授。

52 Morton (1981).

53 Zirkle (1935); Morton (1981).

54 Bernasconi and Taiz (2002); Blunt (2004).

55 von Gärtner (1849)，引自Roberts (1929, p. 78)的翻译。

56 Miller (1768，GEN); Blair (1720, p. 272).

57 Raven (1950, p. 174).

58 雅各布·博巴特的木本植物清单手稿（博德

莱恩图书馆，谢拉丹植物分类学图书馆，MS. Sherard 34，fol. 30v，条目 0476，“东西方之间的悬铃木”）。
59 Bradley (1718); Walters (1981, pp. 15–29).
60 Leapman (2001).
61 Zirkle (1951).
62 Mabberley (2000).
63 Clarke (2004).
64 Mabberley (2000).
65 Ayres (2012).
66 Robertson and Eardley (1973).
67 Anonymous (1973).
68 Hattersley-Smith (2004).
69 White (1983).
70 Smocovitis (2004).
71 Harman (2004).
72 Osborn and Mabberley (2014); Rendle (1934).
73 Jackson (2015).
74 Howarth (1987).
75 Clapham (1970).

6 果实　应用植物学

1 Desmond (1998); Brockway (1979); Juma (1989).
2 Brockliss (2016).
3 Harris (2007b).
4 Trott (2009).
5 Harris (2015a, pp. 65–9).
6 Gunther (1912, p. 189).
7 Harris (2017a).
8 Goddard (2004a).
9 Brockliss (2016); Endersby (2008, pp. 271–2); Walters (1981).
10 Brockliss (2016, p. 397).
11 Russell (1966).
12 Clarke and Johnston (2004).
13 Lawes and Gilbert (1895).
14 Goddard (2004b).
15 Osborn and Mabberley (2014).
16 Watson and Osborne (2004).
17 Russell (1966).
18 Waterston and Macmillan Shearer (2006, p. 973).
19 Watson (1939).
20 Douglas (2019).
21 本节中的详细信息参考了Burley et al. (2009)。除非另有说明，所有引文均来自此来源。
22 Smith and Lewis (1991).
23 Allen (1994; 2010).
24 Lightman (2010).
25 Bellamy (1908).
26 Lucas (1979); Hesketh (2009).
27 2534号信件，1859年11月18日，查尔斯·金斯利致C. R. 达尔文（Charles Robert Darwin）（达尔文信件项目，www.darwinproject.ac.uk）。
28 弗兰克·贝拉米（Frank Bellamy）题为“乔

治·克拉里奇·德鲁斯：他的植物学生活回忆录”的手稿，约 1935年（博德莱恩图书馆，谢拉丹植物分类学图书馆、德鲁斯档案，未编目）；Allen (1986).

29 Harris (2017a).

30 Trewavas and Leaver (2001).

31 Burley et al. (2009)详细介绍了牛津大学的学术林业工作者参与现实世界林业实践的情况。

32 Ramsbottom (1942); Ornduff (1980).

33 Harley and Palladino (2004); Harley (1981).

7 种子 教学

1 Green (1969); Brockliss (2016).

2 Evans (1713).

3 Harris (2002).

4 Druce (1927, p. 241).

5 Allan and Pannell (2009).

6 Walters (1981).

7 Morton (1981).

8 Harris (2018).

9 Vines and Druce (1914, p. xxiv).

10 Pulteney (1790a, p. 301).

11 Clark (1894, p. 49).

12 Power (1919, p. 119).

13 同上，第117页。

14 Evans (1713).

15 Walters (1981, p. 21).

16 同上，第15—29页; Egerton (2006); Santer (2009)。

17 药用植物园委员会备忘录，1735年2月7日（博德莱恩图书馆，谢拉丹植物分类学图书馆，MS. Sherard 1，fol. 5r）。从备忘录的上下文来看，日期是错误的，后来更正为1736年2月7日。

18 Walters (1981, pp. 30–46); Brockliss (2016, pp. 225–322).

19 Harris (2017a).

20 Brockliss (2016, p. 316).

21 Smith (1816b); Clokie (1964, p. 36).

22 Gascoigne (2004).

23 Glynn (2002).

24 同上。

25 Allen (2004c); Walters (1981, pp. 30–5); Allen (1994, p. 10).

26 Walters (1981, p. 36).

27 Boulger and Sherbo (2004); Walters (1981, pp. 36–44).

28 Harris (2007b).

29 西布索普手中的583页手稿，由他大量修订和注释（博德莱恩图书馆，谢拉丹植物分类学图书馆，MS. Sherard 219）。

30 约翰·西布索普的讲义，约1788—1794（博德莱恩图书馆，谢拉丹植物分类学图书馆，MS. Sherard 219，fol. 72）。

31 Harris (2011a).

32 约翰·西布索普的讲义，约1788—1794（博德莱恩图书馆，谢拉丹植物分类学图书馆，

MS. Sherard 219，fol. 39）。

33 Walters (1981).

34 约翰·西布索普的讲义，约1788—1794（博德莱恩图书馆，谢拉丹植物分类学图书馆，MS. Sherard 219，fol. 137）。

35 同上，第143页。

36 同上，第19页。

37 同上，第393页。

38 同上，第19页。

39 同上，第578页。

40 同上，第570–71页。

41 同上，第583页。

42 威廉姆斯讲座课程的印刷传单广告，1819年4月21日和1817年4月19日，未编目（博德莱恩图书馆，谢拉丹植物分类学图书馆），Tuckwell (1908, p. 34)。

43 Goddard (2004a).

44 Brockliss (2016).

45 Acland (1893).

46 Yanni (2005).

47 Daubeny (1853a, p. 13).

48 Gunther (1912, p. 28).

49 Lawson (1875–76).

50 Gunther (1912, p. 28).

51 Schönland (1888; 1886).

52 Lubke and Brink (2004).

53 Schönland (1888; 1886).

54 Gunther (1912, pp. 155–60).

55 Harris (2017a).

56 Walters (1981, pp. 70–72); Bower (1938, p. 52).

57 Bower (1938, p. 30).

58 同上，第52页。

59 Gunther (1967, p. iii); Howarth (1987).

60 Mabberley (2000, p. 26).

61 Mabberley (2000).

62 Vines (1896).

63 Mabberley (2000, p. 68).

64 Harris (2017a).

65 Ayres (2012, p. 126); Walters (1981, pp. 83–94); Boulter (2017).

66 Mabberley (2000).

67 Ayres (2012, pp. 127–32).

68 Allen (1986, pp. 116–18); Ayres (2012, p. 131).

69 Gunther (1916).

70 Walters (1981, pp. 83–94); Boulter (2017).

71 Anonymous (1951).

72 Cronk and Sugden (1994); Angus and Chapman (1996).

73 Mabberley (2004; 2000).

74 Hope-Simpson and Evans (2004); Ayres (2012).

75 Boulter (2017).

参考文献

Acland, H.W. (1893), *The Oxford Museum*, George Allen, London.

Al-Khalili, J. (2010), *Pathfinders: The Golden Age of Arabic Science*, Al len Lane, London.

Allan, D.G.C., and R.E. Schofield (1980), *Stephen Hales: Scientist and Philanthropist*, Scolar Press, London.

Allan, E., and J.R. Pannell (2009), 'Rapid Divergence in Physiological and Life- History Traits between Northern and Southern Populations of the British Introduced Neo-Species, *Senecio squalidus', Oikos,* vol. 118, pp. 1053–61.

Allen, D.E. (1965), 'Some Further Light on the History of the Vasculum', *Proceedings of the Botanical Society of the British Isles*, vol. 6, pp. 105–9.

Allen, D.E. (1986), The Botanists: *A History of the Botanical Society of the British Isles through a Hundred and Fifty Years*, St Paul's Bibliographies, Winchester.

Allen, D.E. (1994), *The Naturalist in Britain: A Social History*, Princeton University Press, Princeton.

Allen, D.E. (2004a), 'Bobart [Bobert], Jacob, the Elder (c.1599–1680)', in *Oxford Dictionary of National Biography*, doi: 10.1093/ref:odnb/2741.

Allen, D.E. (2004b), 'Bobart, Jacob, the Younger (1641–1719)', in *Oxford Dictionary of National Biography*, doi: 10.1093/ref:odnb/2742.

Allen, D.E. (2004c), 'Martyn, John (1699–1768), Botanist', in *Oxford Dictionary of National Biography,* doi: 10.1093/ref:odnb/18235.

Allen, D.E. (2004d), 'Sherard, William (1659–1728)', in *Oxford Dictionary of National Biography*, www.oxforddnb.com/view/article/25355.

Allen, D.E. (2010), *Books and Naturalists*, Collins, London.

Allen, P. (1946), 'Medical Education in 17th Century England', *Journal of the History of Medicine and Allied Sciences*, vol. 1, pp. 115–43.

Angus, A., and J.D. Chapman (1996), 'A Tribute to Frank White (5th March 1927 to 12th September 1994)', *Bothalia*, vol. 26, pp. 69–76.

Anonymous (1648), *Catalogus plantarum horti medici Oxoniensis*, Henricus Hall, Oxford.

Anonymous (1667), 'Observable/Touching Petrification', *Philosophical Transactions*, vol. 1, pp. 320–21.

Anonymous (1669), 'An Account of Books – I. *Praeludia botanica Roberti Morison Scoti Aberdonensis*. Londini, impensis Jac. Allestry, 1669', *Philosophical Transactions of the Royal Society of London*, vol. 4, pp. 934–5.

Anonymous (1675), 'A proposal to Noblemen, gentlemen and others, who are willing to subscribe towards Dr. Morison's New Universal Herbal, ordering plants according to a new and true methods, never published heretofore', *Philosophical Transactions of the Royal Society of London,* vol. 10, pp. 327–8.

Anonymous (1710), 'From my Own Apartment', *The Tatler*, no. 216 (August 25), p. 150.

Anonymous (1791), 'The Life of Thomas Shaw, D.D. Principal of St. Edmund's Hall, Oxford', *European Magazine*, vol. 19, pp. 83–6.

Anonymous (1804), *Monthly Magazine, or, British Register*, vol. 17, p. 346.

Anonymous (1885), 'Jacob Bobart', *Gardeners' Chronicle*, vol. 24, pp. 208–9.

Anonymous (1951), *University of Oxford, Department of Botany: Opening of the New Building by the Lord Rothschild*, University Press, Oxford.

Anonymous (1973), 'Obituary: Professor T.G. Osborn. Botany at Oxford', *The Times* (6 June), p. 20.

Anonymous (2015), 'Sibthorp Medal Awarded', *Oxford Plant Systematics*, no. 21, p. 3.

Arber, A. (1986), *Herbals*, Cambridge University Press, Cambridge.

Aulie, R.P. (1974), 'The Mineral Theory', *Agricultural History*, vol. 48, pp. 369–82.

Ayres, P. (2012), *Shaping Ecology: The Life of Arthur Tansley*, Wiley-Blackwell, Chichester.

Bacon, F. (1877), *The New Atlantis, The Wisdom of the Ancients, The History of King Henry VII and Historical Sketches*, London, Ward, Lock, and Tyler.

Baker, H.G. (1958), Origin of the Vasculum. *Proceedings of the Botanical Society of the British Isles*, vol. 3, pp. 41–3.

Barash, D.P. (2018), *Through a Glass Brightly: Using Science to See our Species as We Really Are*, Oxford University Press, Oxford.

Barlow, P.W. (2015), 'The Concept of the Quiescent Centre and How It Found Support from Work with X-Rays. I: Historical Perspectives', *Plant Root*, vol. 9, pp. 43–55.

Barlow, P.W. (2018), 'FAL Clowes, 1921–2016: A Memoir', *Plant Signaling & Behavior*, vol. 13, e1274484.

Batey, M. (1986), *Oxford Gardens: The University's Influence on Garden History*, Scolar Press, Aldershot.

Bebber, D.P., M.A. Carine, G. Davidse, D.J. Harris, E.M. Haston, M.G. Penn, S. Cafferty, J.R. Wood and R.W. Scotland (2012), 'Big Hitting Collectors Make Massive and Disproportionate Contribution to the Discovery of Plant Species', *Proceedings of the Royal Society B: Biological Sciences*, vol. 279, pp. 2269–74.

Bellamy, F.A. (1908), *A Historical Account of the Ashmolean Natural History Society of Oxfordshire,* 1880–1905, published by the author, Oxford.

Bernasconi, P., and L. Taiz (2002), 'Sebastian Vaillant's 1717 Lecture on the Structure and Function of Flowers', *Huntia*, vol. 11, pp. 97–128.

Blackman, V.H., and P. Palladino (2004), 'Farmer, Sir John Bretland (1865–1944)', in *Oxford Dictionary of National Biography*, doi: 10.1093/ref:odnb/33082.

Blair, P. (1720), *Botanisk Essays*, London, Williams and John Innys.

Blunt, W. (2004), *Linnaeus: The Compleat Naturalist*, Frances Lincoln, London.

Bobart, H.T. (1884), *A Biographical Sketch of Jacob Bobart, of Oxford, Together with an Account of his Two Sons, Jacob and Tilleman*, printed for private circulation, Leicester.

Boulger, G.S., and D.J. Mabberley (2004), 'Dillenius, Johann Jakob (1687–1747)', in *Oxford Dictionary of National Biography*, doi: 10.1093/ref:odnb/7648.

Boulger, G.S., and A. McConnell (2004), 'Lyte, Henry (1529?–1607)', in *Oxford Dictionary of National Biography*, doi: 10.1093/ref:odnb/17301.

Boulger, G.S., and A. Sherbo (2004), 'Martyn, Thomas (1735–1825)', in *Oxford Dictionary of National Biography*, doi: 10.1093/ref:odnb/18239.

Boulter, M. (2017), *Bloomsbury Scientists: Science and Art in the Wake of Darwin*, UCL Press, London.

Bower, F.O. (1938), *Sixty Years of Botany in Britain (1875–1935): Impressions of an Eyewitness*, Macmillan, London.

Bradley, R. (1718), *New Improvements of Planting and Gardening, Both Philosophical and Practical, Explaining the Motion of the Sapp and Generation of Plants*, printed for W. Mears, London.

Brockliss, L.W.B. (2016), *The University of Oxford: A History*, Oxford University Press, Oxford.

Brockway, L.H. (1979), *Science and Colonial Expansion: The Role of the British Royal Botanic Gardens*, Yale University Press, New Haven.

Browne, J. (2004), 'Knight, Thomas Andrew (1759–1838)', in *Oxford Dictionary of National Biography*, doi: 10.1093/ref:odnb/15737.

Burley, J., R.A. Mills, R.A. Plumptre, P.S. Savill, P.J. Wood and H.L. Wright (2009), 'Witness to History: A History of Forestry at Oxford University', *British Scholar*, vol. 1, pp. 236–61.

Butler, S. (1744), *Hudibras, in three parts, written in the time of the late wars: corrected and amended. With large annotations, and a preface, by Zachary Grey*, vol. 1, printed for Robert Owen and William Briln, Dublin.

Chaffey, N. (2016), 'Botany at Oxford University is Not 400 Years Old!' *Botany One* (18 October), www.botany.one/2016/10/botany-oxford-university-not-400-years-old.

Chaplin, A. (1920), 'The History of Medical Education in the Universities of Oxford and Cambridge, 1500–1850', *Proceedings of the Royal Society of Medicine*, vol. 13, pp. 83–107.

Church, A.H. (1904), *On the Relation of Phyllotaxis to Mechanical Laws*, Williams & Norgate, London.

Clapham, A.R. (1970), 'George Robert Sabine Snow, 1897–1969', *Biographical Memoirs of Fellows of the Royal Society*, vol. 16, pp. 498–522.

Clark, A. (1894), *The Life and Times of Anthony Wood, Antiquary, of Oxford, 1632–1695*. Vol. III: 1682–1695, Clarendon Press for the Oxford Historical Society, Oxford.

Clarke, C. (2004), 'Ford, Edmund Brisco (1901–1988)', in *Oxford Dictionary of National Biography*, doi: 10.1093/ref:odnb/40012.

Clarke, E., and A.E. Johnston (2004), 'Gilbert, Sir Joseph Henry (1817–1901)', in *Oxford Dictionary of National Biography*, doi: 10.1093/ref:odnb/33399.

Clarke, R.C., and M.D. Merlin (2013), *Cannabis: Evolution and Ethnobotany*, University of California Press, Berkeley.

Clokie, H.N. (1964), *An Account of the Herbaria of the Department of Botany in the University of Oxford*, Oxford University Press, Oxford.

Clute, W.N. (1904), *The Making of an Herbarium*. Bulletin No. IV, Roger William Park Museum Providence, Rhode Island.

Collins, M. (2000), *Medieval Herbals: The Illustrative Traditions*, British Library, London, and Toronto University Press, Toronto.

Courtney, W.P., and P. Davis (2004), 'Richardson, Richard (1663–1741)', in *Oxford Dictionary of National Biography*, doi: 10.1093/ref:odnb/23576.

Cronk, Q.C.B., and A.M. Sugden (1994), 'Obituary: Frank White', *The Independent,* 18 October.

Dandy, J.E. (1958), *The Sloane Herbarium: An annotated list of the Horti Sicci composing it with biographical accounts of the principal contributors, based on records compiled by the late James Britten,* Trustees of the British Museum, London.

Darwin, F. (1913), 'Stephen Hales, 1677–1761', in F.W. Oliver (ed.), *Makers of British Botany: A Collection of Biographies by Living Botanists*, Cambridge University Press, Cambridge, pp. 65–83.

Daubeny, C. (1835), 'On the Action of Light upon Plants, and of Plants upon the Atmosphere', *Philosophical Transactions of the Royal Society of London,* vol. 126, pp. 149–75.

Daubeny, C. (1841), *Three Lectures in Agriculture; delivered at Oxford, on July 22nd, and Nov. 25th, 1840, and on Jan. 26th, 1841, in which chemical operation of manures is particularly considered, and the scientific principles explained, upon which their efficacy appears to depend*, John Murray, Oxford.

Daubeny, C. (1853a), *Address to the Members of the University, delivered on May 20, 1853*, Botanic Garden, Oxford.

Daubeny, C. (1853b), *Oxford Botanic Garden, or, A Popular Guide to the Botanic Garden of Oxford*, 2nd edn, Messrs. Parker, Oxford.

Dawkins, H.C., and D.R.B. Field (1978), *A Long-Term Surveillance System for British Woodland Vegetation*, Commonwealth Forestry Institute, Oxford.

de Beer, E.S. (2006), *The Diary of John Evelyn*, Everyman's Library, London.

Dear, P. (2007), *The Intelligibility of Nature: How Science Makes Sense of the World*, University of Chicago Press, Chicago.

Desmond, R. (1998), *Kew: The History of the Royal Botanic Gardens*, Harvill Press, London.

Dillenius, J.J. (1715), 'Dissertatio epistolaris de plantarum propagatione maxime capillarium et muscorum cum iconibus et descriptionibus herbarum aliquota novarum', *Academiae Caesaro-Leopoldinae Naturae Curiosorum Ephemerides, sive, Observationum medico-physicarum*, vols. 5–6 (appendix), pp. 45–68.

Donovan, E. (1805), *Instructions for Collecting and Preserving Various Subjects of Natural History; quadrupeds, birds, reptiles, fishes, shells, corals, plants, &c. together with a treatise on the management of insects in their several states; selected from the best authorities*, F.C. and J. Rivington, London.

Douglas, A.E. (2019), 'Sir David Cecil Smith (21 May 1930–29 June 2018)', *Bibliographical Memoirs of Fellows of the Royal Society*, vol. 67, pp. 403–19.

Downin, A., and S. Marner (1998), 'The First Moss to be Collected in Australia? Leucobryum Candidum – Collected by William Dampier in 1699', Journal of Bryology, vol. 20, pp. 237–40.

Druce, G.C. (1886), *The Flora of Oxfordshire, being a topographical and historical account of the flowering plants and ferns found in the county, with sketches of the progress of Oxfordshire botany during the last three centuries*, Parker & Co., Oxford.

Druce, G.C. (1898), '*Bromus interruptus*', *Journal of Botany*, vol. 34, p. 319.

Druce, G.C. (1927), *The Flora of Oxfordshire: A topographical and historical account of the flowering plants and ferns found in the county; with biographical notices of the botanists who have contributed to Oxfordshire botany during the last four centuries*, Clarendon Press, Oxford.

Druce, G.C., and S.H. Vines (1907), *The Dillenian Herbaria: An Account of the Dillenian Collections in the Herbarium of the University of Oxford*, Clarendon Press, Oxford.

Dubrovsky, J.G., and P.W. Barlow (2015), 'The Origins of the Quiescent Centre Concept', *New Phytologist*, vol. 206, pp. 493–6.

Duthie, R. (1988), *Florists' Flowers and Societies*, Shire Press, Princes Risborough.

Edgington, J. (2016), 'Natural History Books in the Library of Dr Richard Richardson', *Archives of Natural History*, vol. 43, pp. 57–75.

Egerton, F. (2006), 'A History of the Ecological Sciences, Part 20: Richard Bradley, Entrepreneurial Naturalist', *Bulletin of the Ecological Society of America*, vol. 87, pp. 117–27.

Endersby, J. (2008), *Imperial Nature: Joseph Hooker and the Practices of Victorian Science*, University of Chicago Press, Chicago.

Evans, A. (1713), *Vertumnus: An Epistle to Mr. Jacob Bobart, Botany Professor to the University of Oxford, and Keeper of the Physick Garden,* printed by L.L. for Stephen Fletcher Bookseller, Oxford.

Frank, R.G. (1997), 'Medicine', in N. Tyacke, *The History of the University of Oxford*. Vol. IV: *Seventeenth-Century Oxford*, Clarendon Press, Oxford, pp. 505–57.

Freer, S. (2003), *Linnaeus' Philosophia Botanica,* Oxford University Press, Oxford.

Frick, G.F., and R.P. Stearns (1961), *Mark Catesby: The Colonial Audubon*, University of Illinois Press, Urbana.

Gadd, I. (2014), *The History of Oxford University Press*. Vol. I: Beginnings to 1780, Oxford University Press, Oxford.

Gascoigne, J. (2004), 'Banks, Sir Joseph (1743–1820)', in *Oxford Dictionary of National Biography*. www.oxforddnb.com/view/article/1300.

Gerard, J. (1633), *The Herball, or, General Historie of Plantes: gathered by John Gerarde of London Master in Chirurgerie, very much enlarged and amended by Thomas Johnson citizen and apothecarye*, Adam Islip, Joice Newton & Richard Whitakers, London.

Gest, H. (2000), 'Bicentenary homage to Dr Jan Ingen-Housz, MD (1730–1799), pioneer of photosynthesis research', *Photosynthesis Research*, vol. 63, pp. 183–90.

Gibson, S. (1940), 'Brian Twyne', *Oxoniensia*, vol. 5, pp. 94–114.

Glynn, L.B. (2002), 'Israel Lyons: a short but starry career. The life of an eighteenth-century Jewish botanist and astronomer', *Notes and Records of the Royal Society of London*, vol. 56, pp. 275–305.

Goddard, N. (2004a), 'Daubeny, Charles Giles Bridle (1795–1867)', in *Oxford Dictionary of National Biography*, doi: 10.1093/ref:odnb/7187.

Goddard, N. (2004b), 'Warington, Robert (1838–1907)', in *Oxford Dictionary of National Biography*, doi: 10.1093/ref:odnb/36744.

Graves, G. (1818), *The Naturalist's Pocket-Book, or Tourist's Companion: Being a brief introduction to the different branches of natural history, with approved methods for collecting and preserving the various productions of nature*, Longman, Hurst, Rees, Orme & Brown, London.

Green, V.H.H. (1969), *The Universities*, Penguin, Harmondsworth.

Grew, N. (1681), *Musaeum regalis societatis, or, A catalogue & description of the natural and artificial rarities belonging to the Royal Society and preserved at Gresham Colledge*, printed by W. Rawlins for the author, London.

Grew, N. (1682), *The Anatomy of Plants, with an idea of a philosophical history of plants, and several other lectures, read before the Royal Society*, printed by W. Rawlins for the author, London.

Gunther, A.E. (1967), *Robert T. Gunther: A Pioneer in the History of Science*, 1869–1940, printed for subscribers, Oxford.

Gunther, R.T. (1904), *A History of the Daubeny Laboratory, Magdalen College, Oxford: to which is appended a list of the writings of Dr. Daubeny, and a register of the names of persons who have attended the chemical lectures of Dr. Daubeny from 1822 to 1867*, Henry Frowde, London.

Gunther, R.T. (1912), *Oxford Gardens Based upon Daubeny's Popular Guide of the Physick Garden of Oxford: with notes on the gardens of the colleges and on the University Park*, Parker & Son, Oxford.

Gunther, R.T. (1916), *The Daubeny Laboratory Register 1904–1915: with notes on the teaching of natural philosophy and with lists of scientific researches carried out by members of Magdalen College, Oxford,* printed for subscribers at the University Press, Oxford.

Gunther, R.T. (1925), *Early Science in Oxford.* Vol. III, part I: *The Biological Sciences; part II: The Biological Collections*, printed for subscribers, Oxford.

Gunther, R.T. (1939), *Early Science in Oxford. Vol. XII: Dr Plot and the Correspondence of the Philosophical Society of Oxford*, printed for subscribers, Oxford.

Gunther, R.T. (1945), *Early Science in Oxford. Vol. XIV: Life and Letters of Edward Lhwyd*, printed for subscribers, Oxford.

Gutch, J. (ed.) (1796), *The History and Antiquities of the University of Oxford in Two Books: by Anthony à Wood, M.A. of Merton College*, vol. 2, printed for the editor, Oxford.

Hales, S. (1727), *Vegetable Staticks, or, an Account of Some Statical Experiments on the Sap in Vegetables; also, a specimen of an attempt to analyse the air*, printed for W. and J. Innys, and T. Woodward, London.

Hancock, A. (2006), 'Robert Morison, the First Professor of Botany at Oxford', *Oxford Plant Systematics*, vol. 13, pp. 14–15.

Hardy, G., and L. Totelin (2016), *Ancient Botany*, Routledge, London.

Harley, J.L. (1981), 'Geoffrey Emett Blackman, 17 April 1903–8 February 1980', *Biographical Memoirs of Fellows of the Royal Society*, vol. 27, pp. 45–82.

Harley, J.L., and P. Palladino (2004), 'Blackman, Geoffrey Emett (1903–1980)', in *Oxford Dictionary of National Biography,* doi: 10.1093/ref:odnb/30823.

Harman, O.S. (2004), *The Man who Invented the Chromosome: A Life of Cyril Darlington*, Harvard University Press, Cambridge, MA.

Harris, S.A. (2002), 'Introduction of Oxford Ragwort, Senecio squalidus L. (Asteraceae), to the United Kingdom', *Watsonia*, vol. 24, pp. 31–43.

Harris, S.A. (2007a), 'Druce and Oxford University Herbaria', *Oxford Plant Systematics*, vol. 14, pp. 12–13.

Harris, S.A. (2007b), *The Magnificent Flora Graeca: How the Mediterranean Came to the English Garden*, Bodleian Library, Oxford.

Harris, S.A. (2010), 'The Trower Collection: Botanical Watercolours of an Edwardian Lady', *Journal of the History of Collections*, vol. 22, pp. 115–28.

Harris, S.A. (2011a), 'John Sibthorp: Teacher of Botany', *Oxford Plant Systematics*, vol. 17, pp. 16–17.

Harris, S.A. (2011b), *Planting Paradise: Cultivating the Garden 1501–1900*, Bodleian Library, Oxford.

Harris, S.A. (2015a), *What Have Plants Ever Done for Us? Western Civilization in Fifty Plants,* Bodleian Library, Oxford.

Harris, S.A. (2015b), 'William Sherard: His Herbarium and his Pinax', *Oxford Plant Systematics*, vol. 21, pp. 13–15.

Harris, S.A. (2015c), 'The Plant Collections of Mark Catesby in Oxford', in E.C. Nelson and D.J. Elliott (eds), *The Curious Mister Catesby: A 'Truly Ingenious' Naturalist Explores New Worlds*, University of Georgia Press, Athens, pp. 173–88.

Harris, S.A. (2017a), *Oxford Botanic Garden and Arboretum: A Brief History*, Bodleian Library, Oxford.

Harris, S.A. (2017b), 'Herbaria in the Botanic Garden', *Oxford Plant Systematics*, vol. 23, pp. 8–9.

Harris, S.A. (2018), 'Seventeenth-Century Plant Lists and Herbarium Collections: A Case Study from the Oxford Physic Garden', *Journal of the History of Collections*, vol. 30, pp. 1–14.

Harris, S.A. (2019), 'Thomas Shaw's Eighteenth-Century Levantine and Barbary Plants', *Oxford Plant Systematics*, vol. 25, pp. 10–11.

Harrison, P. (2008), 'Religion, the Royal Society, and the Rise of Science', *Theology and Science*, vol. 6, pp. 255–71.

Hasselquist, F. (1766), *Voyages and Travels in the Levant in the Years 1749, 50, 51, 52,* L. Davis and C. Reymers, London.

Hattersley-Smith, G. (2004), 'Polunin, Nicholas Vladimir (1909–1997)', in *Oxford Dictionary of National Biography*, doi: 10.1093/ref:odnb/68834.

Hearne, T. (1772), *The Life of Anthony à Wood from the Year 1632 to 1672*, printed for J., J. Fletcher in the Turl, and J. Pote, Eton.

Heine, H., and D.J. Mabberley (1986), 'An Oxford Waterlily', *Kew Magazine*, vol. 3, pp. 167–75.

Henrey, B. (1975), *British Botanical and Horticultural Literature before 1800: Comprising a History and Bibliography of Botanical and Horticultural Books Printed in England, Scotland, and Ireland from the Earliest Times until 1800*, Oxford University Press, Oxford.

Hesketh, I. (2009), *Of Apes and Ancestors: Evolution, Christianity, and the Oxford Debate*, University of Toronto Press, Toronto.

Hetherington, A.J., J.G. Dubrovsky and J. Dolan (2016), 'Unique Cellular Organization in the Oldest Root Meristem', *Current Biology*, vol. 26, pp. 1629–33.

Hillis, T. (1998), 'Mary Margaret Chattaway (1899–1997)', *IAWA Journal*, vol. 19, pp. 239–40.

Hooker, W.J. (1847), 'Victoria Regia. Victoria Water-Lily', *Curtis's Botanical Magazine* 73: tab. 4275–8.

Hooker, W.J. (1849), 'Botany', in J.F.W. Herschel, *A Manual of Scientific Enquiry: Prepared from the Use of Officers in Her Majesty's Navy and Travellers in General*, John Murray, London.

Hope-Simpson, J.F., and D.E. Evans (2004), 'Tansley, Sir Arthur George (1871–1955)', in Oxford *Dictionary of National Biography*, doi: 10.1093/ref:odnb/36415.

Hopkins, H.C.F., C.R. Huxley, C.M. Pannell, G.T. Prance and F. White (1998), *The Biological Monograph: The Importance of Field Studies and Functional Syndromes for Taxonomy and Evolution of Tropical Plants*, Royal Botanic Gardens Kew, London.

Howarth, J. (1987), 'Science Education in Late-Victorian Oxford: A Curious Case of Failure?' *English Historical Review*, vol. 102, pp. 334–71.

Ingram, J.A. (2001), *Elysium Britannicum, or, The Royal Gardens*, University of Pennsylvania Press, Philadelphia.

Jackson, B.D., and P.E. Kell (2004), 'Fielding, Henry Borron (1805–1851)', in *Oxford Dictionary of National Biography*, www.oxforddnb.com/view/article/9401.

Jackson, M.B. (2015), 'One Hundred and Twenty-Five Years of the Annals of Botany. Part 1: The First 50 Years (1887–1936)', *Annals of Botany*, vol. 115, pp. 1–18.

Jardine, L. (2004), *The Curious Life of Robert Hooke: The Man Who Measured London*, Harper Perennial, London.

Jeffer, R.H. (1953), 'Edward Morgan and the Westminster Physic Garden', *Proceedings of the Linnean Society London*, vol. 164, pp. 102–33.

Jones, W.H.S. (trans.) (1956), *Pliny: Natural History*, books XXIV–XXVII, Harvard University Press, Cambridge, MA.

Jones, W.R.D. (2004), 'Turner, William (1509/10–1568)', in *Oxford Dictionary of National Biography*, doi: 10.1093/ref:odnb/27874.

Juma, C. (1989), *The Gene Hunters: Biotechnology and the Scramble for Seeds*, Princeton University Press, Princeton.

Juniper, B.E., D.M. Joel and R.J. Robins (1989), *The Carnivorous Plants*, Academic Press, London.

Killick, J., R. Perry and S. Woodell (1998), *The Flora of Oxfordshire*, Pisces Publications, Newbury.

Lack, H.W. (2015), *The Bauers, Joseph, Franz and Ferdinand: Masters of Botanical Illustration. An Illustrated Biography*, Prestel, Munich, London and New York.

Lack, H.W., with D.J. Mabberley (1999), *The Flora Graeca Story: Sibthorp, Bauer, and Hawkins in the Levant*, Oxford University Press, Oxford.

Laird, M. (2015), *A Natural History of English Gardening 1650–1800*, Yale University Press, New Haven.

Lawes, J.B., and J.H. Gilbert (1895), *The Rothamsted Experiments: being an account of some of the results of the agricultural investigations, conducted at Rothamsted in the field, the feeding shed, and the laboratory over a period of fifty years*, William Blackwood and Sons, Edinburgh and London.

Lawson, M. (1875–76), Internal papers for the University Council by Marmaduke Lawson, 20 November 1875 and 14 February 1876, Sherardian Library of Plant Taxonomy, Bodleian Library.

Leapman, M. (2001), *The Ingenious Mr Fairchild: The Forgotten Father of the Flower Garden*, St Martin's Press, New York.

Leith-Ross, P. (1984), *The John Tradescants: Gardeners to the Rose and Lily Queen*, Peter Owen, London.

Lightman, B. (2010), *Victorian Popularizers of Science: Designing Nature for New Audiences*, University of Chicago Press, Chicago and London.

Lindberg, D.C. (2007), *The Beginnings of Western Science: The European Scientific Tradition in Philosophical, Religious, and Institutional Context, Prehistory to a.d. 1450*. University of Chicago Press, Chicago and London.

Lindley, J. (1836), '*Daubenya aurea: Gold Daubenya*', *Edwards' Botanical Register*, vol. 21, tab. 1813.

Linnaeus, C. (1737b), *Critica botanica in qua-nomina plantarum generica, specifica, & variantia examini subjiciuntur, selectiora confirmantur, indigna rejiciuntur; simulque doctrina circa denominationem plantarum traditur. Seu Fundamentorum botanicorum pars IV. Accedit Johannis Browallii De necessitate historiae naturalis discursus*, Apud Conradum Wishoff, Lugduni Batavorum.

Linnaeus, C. (1737b), *Hortus Cliffortianus*, Amstelaedami.

Livingstone, D.N. (2013), *Putting Science in its Place: Geographies of Scientific Knowledge*. University of Chicago Press, Chicago.

Lubke, R., and E. Brink (2004), 'One Hundred Years of Botany at Rhodes University', *South African Journal of Science*, vol. 100, pp. 609–14.

Lucas, J.R. (1979), 'Wilberforce and Huxley: A Legendary Encounter. *Historical Journal*, vol. 22, pp. 313–30.

Lyons, H. (1944), *The Royal Society 1660–1940: A History of Its Administration Under Its Charters*, Cambridge University Press, Cambridge.

Mabberley, D.J. (2000), *Arthur Harry Church: The Anatomy of Flowers*, Merrell and the Natural History Museum, London.

Mabberley, D.J. (2004), 'Church, Arthur Harry (1865–1937)', in *Oxford Dictionary of National Biography,* doi: 10.1093/ref:odnb/38462.

Mabberley, D.J. (2017), *Painting by Numbers: The Life and Art of Ferdinand Bauer*, Newsouth, Sydney.

Mabberley, D.J., C.M. Pannell and A.M. Sing (1995), *Meliaceae*, published for Foundation Flora Malesiana by Rijskherbarium/Hortus Botanicus, Leiden.

MacGregor, A. (1983), *Tradescant's Rarities: Essays on the Foundation of the Ashmolean Museum, 1683, with a Catalogue of the Surviving Early Collections*, Clarendon Press, Oxford.

MacGregor, A. (1989), '"A Magazin of All Manner of Inventions": Museums in the Quest for "Salomon's House" in Seventeenth-Century England', *Journal of the History of Collections,* vol. 1, pp. 207–12.

MacGregor, A. (2001a), 'The Ashmolean as a Museum of Natural History, 1683–1860', *Journal of the History of Collections*, vol. 13, pp. 125–44.

MacGregor, A. (2001b), *The Ashmolean Museum: A Brief History of the Institution and its Collections*, Ashmolean Museum, Oxford.

MacGregor, A. (2018), *Naturalists in the Field: Collecting, Recording and Preserving the Natural World from the Fifteenth to the Twenty-First Century*, Brill, Leiden.

MacGregor, A., and M. Hook (2006), *Manuscript Catalogues of the Early Museum Collections. Part II: The Vice-Chancellor's Consolidated Catalogue 1695*, Archaeopress, Oxford.

MacNamara, F.N. (1895), *Memorials of the Danvers Family (of Dauntsey and Culworth)*, Hardy & Page, London.

Magalotti, L. (1821), *Travels of Cosmo the Third, Grand Duke of Tuscany, through England, during the Reign of King Charles the Second (1669)*, J. Mawman, London.

Mandelbrote, S. (2004), 'Morison, Robert (1620–1683)', in *Oxford Dictionary of National Biography*, doi: 10.1093/ref:odnb/19275.

Mandelbrote, S. (2015), 'The Publication and Illustration of Robert Morison's Plantarum historiae universalis Oxoniensis' , *Huntington Library Quarterly*, vol. 78, pp. 349–79.

McGurk, J.J.N. (2004), 'Danvers, Henry, Earl of Danby (1573–1644)', in *Oxford Dictionary of National Biography*, www.oxforddnb.com/view/article/7133.

McMillan, P.D., and A.H. Blackwell (2013), 'The Vascular Plants Collected by Mark Catesby in South Carolina: Combining the Sloane and Oxford Herbaria', *Phytoneuron*, vol. 2013-73, pp. 1–32.

McMillan, P.D., A.H. Blackwell, C. Blackwell and M.A. Spencer (2013), 'The Vascular Plants in the Mark Catesby Collection at the Sloane Herbarium, with Notes on their Taxonomic and Ecological Significance', *Phytoneuron*, vol. 2013-7, pp. 1–37.

Metcalfe, C.R. (1973), 'Metcalfe and Chalk's Anatomy of the Dicotyledons and its Revision', Taxon, vol. 22, pp. 659–68.

Miller, P. (1768), *The Gardeners Dictionary: containing the best and newest methods pf cultivating and improving the kitchen, fruit, flower garden and nursery*, 8th edn, printed for the author, London.

Mills, R. (2004), '100 Years of Forestry Information from Oxford', *SCONUL Focus*, vol. 32, pp. 34–9.

Morison, R. (1669), *Hortus regius Blesensis auctus: cum notulis durationis & charactismis plantarum tam additarum, quam non scriptarum; item plantarum in eodem horto regio Blesensi aucto contentarum, nemini hucusque scriptarum, brevis & succincta delineatio. Quibus accessere observationes generaliores (plantarum in eodem horto regio Blesensi aucto contentarum) rei herbariae studiosis valde necessariae, & cognitu perutiles. Praeludiorum botanicorum pars prior,* Typis Tho. Roycroft, impensis Jacobi Allestry, Londini.

Morison, R. (1672), *Plantarum umbelliferarum distributio nova, per tabulas cognationis et affinitatis ex Libro Naturae observata & detecta*, Theatro Sheldoniano, Oxonii.

Morison, R. (1680), *Plantarum historiae universalis Oxoniensis pars secunda seu Herbarum distributio nova, per tabulas cognationis & affinitatis ex Libro Naturae observata & detecta*, e Theatro Sheldoniano, Oxonii.

Morton, A.G. (1981), *History of Botanical Science: An Account of the Development of Botany from Ancient Times to the Present Day*, Academic Press, London.

Mulholland, R., D. Howell, A. Beeby, C.E. Nicholson and K. Domoney (2017), 'Identifying Eighteenth Century Pigments at the Bodleian Library Using *in Situ* Raman Spectroscopy, XRF and Hyperspectral Imaging', *Heritage Science*, vol. 5, art. 43.

Nelson, E.C. (2018), 'From Tubs to Flying Boats: Episodes in Transporting Living Plants', in A. Macgregor (ed.), *Naturalists in the Field: Collecting, Recording and Preserving the Natural World from the Fifteenth to the Twenty-First Century,* Brill, Leiden, pp. 578–606.

Nelson, E.C., and D.J. Elliott (2015), *The Curious Mister Catesby: A 'Truly Ingenious' Naturalist Explores New Worlds*, University of Georgia Press, Athens, GA, and London.

Nicholls, S. (2009), *Paradise Found: Nature in America at the Time of Discovery*, University of Chicago Press, Chicago and London.

Ogilvie, B.W. (2006), *The Science of Describing: Natural History in Renaissance Europe*, University of Chicago Press, Chicago and London.

Ornduff, R. (1980), 'Joseph Burtt Davy: A Decade in California', *Madroño*, vol. 27, pp. 171–6.

Osborn, T.G.B., and D.J. Mabberley (2014), 'Vines, Sydney Howard (1849–1934)', in *Oxford Dictionary of National Biography*, doi: 10.1093/ref:odnb/36663.

Oswald, P.H., and C.D. Preston (2011), *John Ray's Cambridge Catalogue* (1660), Ray Society, London.

Parkinson, J. (1640), *Theatrum botanicum: The Theatre of Plants*, printed by Tho. Cotes, London.

Pepys, S. (1854), *Diary and Correspondence of Samuel Pepys, F.R.S., the Diary Deciphered by J. Smith, with a Life and Notes by Richard Lord Braybrooke*, vol. 2, Henry Colburn, London.

Plot, R. (1677), *The Natural History of Oxfordshire, being an Essay toward the Natural History of England,* printed at the Theater, Oxford.

Plot, R., and J. Bobart (1683), 'A discourse concerning the effects of the great frost, on trees and other plants Anno 1683. drawn from the answers to some Queries sent into divers Countries by Dr. Rob Plot S.R.S., and from several observations made at Oxford, by the skilful botanist Mr. Jacob Bobart', *Philosophical Transactions of the Royal Society of London,* vol. 14, pp. 766–79.

Potter, J. (2007), *Strange Blooms: The Curious Lives and Adventures of the John Tradescants*, Atlantic Books, London.

Power, D. (1919), 'The Oxford Physic Garden', *Annals of Medical History*, vol. 2, pp. 109–25.

Prance, G.T., and A.R. Arius (1975), 'A Study of the Floral Biology of *Victoria amazonica* (Poepp.) Sowerby (Nymphaeaceae)', Acta Amazonica, vol. 5, pp. 109–39.

Prest, J. (1981), *The Garden of Eden: The Botanic Garden and the Recreation of Paradise*, Yale University Press, New Haven and London.

Priestley, J. (1772), 'Observations on Different Kinds

of Air', *Philosophical Transactions of the Royal Society of London*, vol. 62, pp. 147–224.

Pulteney, R. (1790a), *Historical and Biographical Sketches of the Progress of Botany in England, from its origin to the introduction of the Linnaean system*, vol. 1, printed for T. Cadell, in the Strand, London.

Pulteney, R. (1790b), *Historical and Biographical Sketches of the Progress of Botany in England, from its origin to the introduction of the Linnaean system*, vol. 2, printed for T. Cadell, in the Strand, London.

Rackham, H. (trans.) (1945), *Pliny: Natural History*, books XII–XVI, Harvard University Press, Cambridge, MA.

Ramsbottom, J. (1942), 'Obituary. Dr. Joseph Burtt Davy (1870–1940)', *Proceeding of the Linnean Society of London*, vol. 153, pp. 291–3.

Raven, C.E. (1950), *John Ray: Naturalist*, Cambridge University Press, Cambridge.

Ray, J. (1686), *Historia plantarum*, Typis Mariae Clark: prostant apud Henricum Faithorne & Joannem Kersey, Londini.

Rea, J. (1665), *Flora, seu, De florum cultura, or, A complete florilege, furnished with all requisites belonging to a florist*, Richard Marriott, London.

Rendle, A.B. (1934), 'Sydney Howard Vines. 1849–1934', *Obituary Notices of Fellows of the Royal Society*, vol. 1, pp. 185–8.

Riley, M. (2011), 'Procurers of Plants and Encouragers of Gardening: William and James Sherard and Charles du Bois, case studies in late seventeenth- and early eighteenth-century botanical and horticultural patronage', Ph.D. thesis, University of Buckingham.

Rix, E.M. (1975), 'Notes on *Fritillaria* (Liliaceae) in the Eastern Mediterranean Region, III', *Kew Bulletin*, no. 30, pp. 153–62.

Roberts, B.F. (2004), 'Lhuyd [Lhwyd; *formerly* Lloyd], Edward (1659/60?–1709)', in *Oxford Dictionary of National Biography*, doi: 10.1093/ref:odnb/16633.

Roberts, H.F. (1929), *Plant Hybridization before Mendel,* Princeton University Press, Princeton.

Robertson, R.N., and C.M. Eardley (1973), 'Theodore George Bentley Osborn, D.Sc., M.A., F.L.S. 2.x.1887–3.vi.1973', *Transactions of the Royal Society of South Australia*, vol. 97, pp. 317–20.

Rovelli, C. (2011), *Anaximander, Westholme*, Yardley.

Russell, E.J. (1942), 'Rothamsted and its Experimental Station', *Agricultural History*, vol. 16, pp. 161–83.

Russell, E.J. (1966), *A History of Agricultural Science in Great Britain, 1620–1954*, George Allen and Unwin, London.

Santer, M. (2009), 'Richard Bradley: A Unified,

Living Agent Theory of the Cause of Infectious Diseases of Plants Animals, and Humans in the First Decades of the 18th Century', *Perspectives in Biology and Medicine*, vol. 52, pp. 566–78.

Savill, P.S., C.M. Perrins, K.J. Kirby and N. Fisher (2010), *Wytham Woods: Oxford's Ecological Laboratory*, Oxford University Press, Oxford.

Schönland, S. (1886), 'Der botanische Garten, das botanische Institut, das botanische Museum, die Herbarien und die botanische Bibliothek der Universität Oxford', *Botanisches Centralbatt*, vol. 25, pp. 187–93.

Schönland, S. (1888), 'The Botanical Laboratory at Oxford', *Botanical Gazette*, vol. 13, pp. 221–4.

Scotland, R.W., and A.H. Wortley (2003), 'How Many Species of Seed Plant Are There?' *Taxon*, vol. 52, pp. 101–4.

Severn, C. (1839), *Diary of the Rev. John Ward, A.M., Vicar of Stratford-upon-Avon, extending from 1648 to 1679*, Henry Colburn, London.

Shapin, S. (2018), *The Scientific Revolution*, University of Chicago Press, Chicago and London.

Shapiro, B.J. (1969), *John Wilkins, 1614–1672: An Intellectual Biography,* University of California Press, Berkeley.

Sharrock, R. (1672), *The History of the Propagation & Improvement of Vegetables by the Concurrence of Art and Nature*, printed by W. Hall, for Ric. Davis, Oxford.

Shaw, T. (1738), 'Specimen Phytographiae Africanae &c. or a Catalogue of some of the rarer plants of Barbary, Egypt and Arabia', in *Travels, or Observations Relating to Several Parts of Barbary and the Levant*, printed at the Theatre, Oxford.

Shull, C.A., and J.F. Stanfield (1939), 'Thomas Andrew Knight in Memoriam', *Plant Physiology*, vol. 14, pp. 1–8.

Sibbald, R. (1684), *Scotland Illustrated, or, An Essay of Natural History*, printed by J.K., J.S., and J.C., Edinburgh.

Smith, D., and D. Lewis (1991), 'Professor J. L. Harley', *New Phytologist*, vol. 119, pp. 5–7.

Smith, J.E. (1816a), 'Sherard, William', in A. Rees (ed.), *The New Cyclopaedia*, vol. 32, part 2. London: Longman, Hurst, Rees, Orme, and Brown, London.

Smith, J.E. (1816b), 'Sibthorpia', in A. Rees (ed.), *The New Cyclopaedia*, vol. 32, part 2. London: Longman, Hurst, Rees, Orme, and Brown, London.

Smith, J.E. (1821), *A Selection of the Correspondence of Linnaeus and Other Naturalists, from the Original Manuscripts*, vol. 2. London: Longman, Hurst, Rees, Orme, and Brown, London.

Smocovitis, V.B. (2004), 'Darlington, Cyril Dean

(1903–1981)', in *Oxford Dictionary of National Biography*, doi: 10.1093/ref:odnb/31000.

Sobel, D. (2000), *Galileo's Daughter,* Fourth Estate, London.

Sorbière, S. (1709), *A Voyage to England: containing many things relating to the state of learning, religion, and other curiosities of that Kingdom. As also, observations on the same voyage, by Dr. Thomas Sprat, Lord Bishop of Rochester. With a letter of Monsieur Sorbière's, concerning the war between England and Holland in 1652: to all which is prefix'd his life writ by M. Graverol*, J. Woodward, London.

South, R. (1823), *Sermons Preached upon Several Occasions,* vol. 1, Clarendon Press, Oxford.

Stephens, P. and W. Browne (1658), *Catalogus horti botanici Oxoniensis*, Typis Gulielmi Hall, Oxonii.

Sterling, K.B. (2004), 'Sibthorp, John (1758–1796)', in *Oxford Dictionary of National Biography*, doi: 10.1093/ref:odnb/25509.

Stern, W.L. (1982), 'Highlights in the Early History of the International Association of Wood Anatomists', in P. Baas (ed.), *New Perspectives in Wood Anatomy*, M. Nijhoff, The Hague, and W. Junk, London, pp. 1–21.

Strugnell, A. (1999), 'The History of the Daubeny Herbarium (FHO): 75th Anniversary', *Oxford Plant Systematics*, vol. 7, pp. 14–16.

Syfret, R.H. (1950), 'Some Early Reactions to the Royal Society', *Notes and Records: The Royal Society Journal of the History of Science*, vol. 7, pp. 207–58.

Taiz, L., and L. Taiz (2017), *The Discovery and Denial of Sex in Plants*, Oxford University Press, Oxford.

Thoday, P. (2007), *Two Blades of Grass: The Story of Cultivation*, Thoday Associates, Corsham.

Thompson, C.J.S. (1934), T*he Mystic Mandrake*, Rider & Co., London.

Thornton, R.J. (1807), *New Illustration of the Sexual System of Carolus von Linnaeus: and the temple of Flora, or garden of nature*, published for author, London.

Tinniswood, A. (2019), *The Royal Society and the Invention of Modern Science*, Head of Zeus, London.

Tradescant, J. (1656), *Musaeum Tradescantianum, or, A Collection of Rarities Preserved at South-Lambeth neer London*, printed by John Grismond, London.

Trewavas, A., and C.J. Leaver (2001), 'Is Opposition to GM Crops Science or Politics? an Investigation into the Arguments that GM Crops Pose a Particular Threat to the Environment', *EMBO* Reports, vol. 2, pp. 455–9.

Trott, M. (2009), 'The Sibthorps of Canwick: The Rise and Fall of a Dynasty', in S. Brook, A. Walker and R. Wheeler (eds), *Lincoln*

Connections: Aspects of City and County since 1700, Society of Lincolnshire Heritage and Archaeology, Lincoln, pp. 43–58.

Tuckwell, W. (1908), *Reminiscences of Oxford*, E.P. Dutton, New York.

Turner, A.J. (2002), 'Plot, Robert (bap. 1640, d. 1696)', in *Oxford Dictionary of National Biography*, doi: 10.1093/ref:odnb/22385.

Turner, D. (1835), *Extracts from the Literary and Scientific Correspondence of Richard Richardson, M.D., F.R.S., of Bierley, Yorkshire*, printed by Charles Sloman, Yarmouth.

Turner, W. (1586), *The seconde part of William Turners Herball wherein are conteyned the names of herbes in Greke, Latine, Duche, Frenche and in the Apothecaries Latin and somtyne in Italiane, with the vertues of the same herbes with diverse confutationes of no smalle errours that men of no small learning have committed in the intreating of herbes of late yeares*, Arnold Birchaman, London.

Turrill, W.B. (1938), 'A Contribution to the Botany of Athos Peninsula', *Bulletin of Miscellaneous Information*, vol. 1937, pp. 197–273.

van den Spiegel, A. (1606), *Isagoges in rem herbariam libri duo*, Apud Paulum Meiettum, Patavii.

Vavilov, N.I. (1992), *Origin and Geography of Cultivated Plants*, Cambridge University Press, New York.

Vines, S.H. (1888), 'On the Relation between the Formation of Tubercles on the Roots of Leguminosae and the Presence of Nitrogen in the Soil', *Annals of Botany,* vol. 2, pp. 386–9.

Vines, S.H. (1896), 'Letter from the Sherardian Professor of Botany to the Chairman of the Committee. 12th June 1896', Reports relating to the Botanic Garden and to the Department of Botany 1875–1920, Sherardian Library of Plant Taxonomy, Bodleian Library.

Vines, S.H. (1911), 'Robert Morison (1620–1683) and John Ray (1627–1705)', in F.W. Oliver (ed.), *Makers of British Botany: A Collection of Biographies by Living Botanists*, University Press, Cambridge, pp. 8–43.

Vines, S.H., and G.C. Druce (1914), *An Account of the Morisonian Herbarium in the Possession of the University of Oxford*, Clarendon Press, Oxford.

von Gärtner, C.F. (1849), *Versuche und Beobachtungen über die Bastarderzeugung in Pflanzenreich, mit Hinweisung auf die ähnlichen Erscheinungen im Thierreiche*, K.F. Hering, Stuttgart.

von Leibig, J. (1855), *Principles of Agricultural Chemistry: With special reference to the late researches made in England*, John Wiley, New York.

von Uffenbach, Z.C. (1754), *Merkwürdige Reisen durch Niedersachsen, Holland und Engelland, Dritter Theil*, Rosten der Baumischen Handlung, Ulm.

Walters, S.M. (1981), *The Shaping of Cambridge Botany,* Cambridge University Press, Cambridge.

Ward, N.B. (1852), *On the Growth of Plants in Closely Glazed Cases*, John von Voorst, London.

Waterston, C.D., and A. Macmillan Shearer (2006), *Former Fellows of the Royal Society of Edinburgh 1783–2002: Biographical Index,* part 2, Royal Society of Edinburgh, Edinburgh.

Watson, J.A.S. (1939), *The History of the Royal Agricultural Society of England, 1839–1939*, Royal Agricultural Society, London.

Watson, J.A.S., and P. Osborne (2004), 'Somerville, Sir William (1860–1932)', in *Oxford Dictionary of National Biography*, doi: 10.1093/ref:odnb/36193.

White, F. (1983), *The Vegetation of Africa: A Descriptive Memoir to Accompany the Unesco/AETFAT/UNSO Vegetation Map of Africa,* Unesco, Paris.

Whitfield, J. (2012), 'Rare specimens', *Nature*, vol. 484, pp. 436–8.

Wilson, D. (2017), *Superstition and Science: Mysticism Sceptics, Truth-Seekers and Charlatans*, Robinson, London.

Wood, A. (1796), *The History and Antiquities of the University of Oxford*, vol. 2, printed for the editor, Oxford.

Wood, J.R.I., P. Muñoz-Rodríguez, B.R.M. Williams and R.W. Scotland (2020), 'A Foundation Monograph of *Ipomoea* (Convolvulaceae) in the New World', *PhytoKeys*, vol. 143, pp. 1–823.

Woodward, J. (1696), *Brief instructions for making observations in all parts of the world: as also for collecting, preserving, and sending over natural things being an attempt to settle an universal correspondence for the advancement of knowledge both natural and civil*, Richard Wilkin, London.

Worling, P.M. (2005), 'Pharmacy in the Early Modern World, 1617 to 1841 ad', in S. Anderson (ed.), *Making Medicines: A Brief History of Pharmacy and Pharmaceuticals*, Pharmaceutical Press, London, pp. 57–76.

Yanni, C. (2005), *Nature's Museums: Victorian Sciences and the Architecture of Display*, Princeton Architectural Press, New York.

Zirkle, C. (1935), *The Beginnings of Plant Hybridization*, University of Pennsylvania Press, Philadelphia.

Zirkle, C. (1951), 'Gregor Mendel and his Precursors', Isis, vol. 42, pp. 97–104.

时间表

1621年 牛津植物园成立

1642年 老雅各布·博巴特（约1599—1680）被任命为植物园管理员

1648年 第一本植物园内容目录出版

1669年 罗伯特·莫里森（1620—1683）被选为牛津大学植物钦定教授

1679年 小雅各布·博巴特（1641—1719）被任命为植物园管理员

1719年 埃德温·桑迪被任命为植物学教授

1724年 吉尔伯特·特罗被任命为植物学教授

1734年 约翰·雅各布·迪勒尼乌斯（1684—1747）被任命为首任谢拉丹植物学教授

1738年 詹姆斯·爱德华·史密斯被任命为植物园主管

1747年 汉弗莱·西布索普（约1713—1797）被任命为第二任谢拉丹教授（1747—1784）

1750年 乔治·狄奥尼修斯·埃雷特（1708—1770）被任命为植物园主管

1752年 威廉斯·托克福德被任命为植物园主管

1753年 托马斯·波茨被任命为植物园主管

1756年 约翰·福尔曼被任命为园丁；约1790年，他放弃了职位

1784年 约翰·西布索普（1758—1796）被任命为第三任谢拉丹教授

1793年 约翰·西布索普被任命为钦定教授

1796年 乔治·威廉姆斯（约1762—1834）被任命为第四任谢拉丹植物学教授

1813年 威廉·巴克斯特（1787—1871）被任命为植物园管理员

1834年 查尔斯·吉尔斯·布里德尔·道本尼（1795—1867）被任命为第五任谢拉丹植物学教授

1840年 查尔斯·吉尔斯·布里德尔·道本尼（1795—1867）被任命为西布索普农村经济学教授

1851年 威廉·哈特·巴克斯特（约1816—1890）被任命为植物园管理员

1853年 麦克斯韦·泰登·马斯特斯（1833—1907）被任命为菲尔丁馆长，直到1856年

1868年 马尔马杜克·亚历山大·劳森（1840—1896）被任命为第六任谢拉丹植物学教

授和西布索普农村经济学教授

1884年 艾萨克·贝利·巴尔福（1853—1922）被任命为第七任谢拉丹植物学教授

约瑟夫·亨利·吉尔伯特（1817—1901）被任命为西布索普农村经济学教授（至1890年）

1886年 塞尔玛·舍恩兰（1860—1940）被任命为菲尔丁馆长，直到1889年

1888年 威廉·乔治·贝克（1861—1945）被任命为植物园管理员

西德尼·霍华德·瓦因斯（1849—1934）被任命为第八任谢拉丹植物学教授

1894 年 罗伯特·沃林顿（1838—1907）被任命为西布索普农村经济学教授（直到 1897 年）

1895年 乔治·克拉里奇·德鲁斯（1850—1932）被任命为名誉菲尔丁植物标本馆馆长

1905年 皇家林业学院从萨里郡的库珀山转移到牛津，威廉·施利希（1840—1925）任校长

1906年 威廉·萨默维尔（1860—1932）被任命为西布索普农村经济学教授

1907年 农村经济学院成立

1920年 弗雷德里克·威廉·基布尔（1870—1952）被任命为第九任谢拉丹植物学教授

罗伯特·斯科特·特鲁普（1874—1939）被任命为林业学院院长

1924年 帝国林业研究所成立，罗伯特·特鲁普担任首个主任

1925年 詹姆斯·安德森·斯科特·沃森（1889—1966）被任命为西布索普农村经济学教授

1927年 阿瑟·乔治·坦斯利（1871—1955）被任命为第十任谢拉丹植物学教授

1937年 西奥多·乔治·本特利·奥斯本（1887—1973）被任命为第十一任谢拉丹植物学教授

1939 年 在哈里·乔治·坎普的领导下（1891—1979），林业学院和皇家林业研究所合并

尼古拉斯·弗拉基米尔·波鲁宁（1909—1997）被任命为菲尔丁馆长（直到 1947年）

1940年 约翰·弗雷德里克·古斯塔夫·查普尔（1911—1990）被任命为德鲁斯馆长（直到1947年）

1942年 乔治·威廉·罗宾逊（1898—1976）被任命为植物园主管

1945 年 杰弗里·埃米特·布莱克曼（1903—1980）被任命为西布索普农村经济学教授

农村经济学院更名为农业系

1947 年 皇家林业研究所更名为英联邦林业研究所

1948年 埃德蒙·弗雷德里克·沃伯格（1908—1966）被任命为德鲁斯馆长，1957年被任命为德鲁斯和菲尔丁馆长

1952年 埃德蒙・安德烈・查尔斯・路易斯・埃洛伊・舍尔佩（1924—1985）被任命为菲尔丁馆长

1953年 西里尔・迪恩・达林顿（1903—1981）被任命为第十二任谢拉丹植物学教授

希拉・利特尔博伊被任命为菲尔丁馆长（直到1956年）

1956年 在威瑟姆建立了大学野外观测站

1959年 马尔科姆・维维扬・劳里（1901—1973）被任命为英联邦林业研究所所长

1961年 弗兰克・怀特（1927—1994）被任命为林业植物标本馆馆长，1971年被任命为德鲁斯和菲尔丁馆长

1963年 肯尼斯・伯拉斯被任命为植物园主管

1968年 阿德里安・约翰・理查兹被任命为德鲁斯馆长

1969年 杰克・哈雷（1911—1990）被任命为英联邦林业研究所所长

1970年 约翰・哈里森・伯内特（1922—2007）被任命为西布索普农村经济学教授

1971年 罗伯特・沃特利被任命为第十三任谢拉丹植物学教授

1980年 大卫・史密斯（1930—2018）被任命为西布索普农村经济学教授(直到1987年)

邓肯・普尔（1925—2016）被任命为英联邦林业研究所所长

1982年 杰弗里・伯雷被任命为英联邦林业研究所所长

1983年 英联邦林业研究所更名为牛津林业研究所

1985年 植物学系和林业科学系合并成立植物科学系

1988年 蒂莫西・沃克被任命为植物园主管

1990年 克里斯托弗・约翰・莱弗被任命为西布索普农村经济学教授

1991年 休・迪金森被任命为第十四任谢拉丹植物学教授

1992年 大卫・马伯里被任命为植物标本馆代理馆长

1994年 昆汀・克朗克被任命为植物标本馆代理馆长

1995年 斯蒂芬・哈里斯被任命为植物标本馆馆长

2002年 蒂莫西・沃克被任命为植物园主任（2002—2013）

牛津林业研究所关闭

2007年 尼古拉斯・哈巴德被任命为西布索普农村经济学教授

2009年 利亚姆・多兰被任命为第十五任谢拉丹植物学教授（至2020年）

2011年 捐赠林业科学伍德教授

2013年 约翰・麦凯被任命为伍德教授

2014年 艾莉森・福斯特被任命为植物园代理主任

2015年 西蒙・西考克被任命为植物园主任